侯东昱◎编著

裙子

裁剪与制作
从入门到精通

QUNZI CAIJIAN
YU ZHIZUO
CONGRUMEN
DAO JINGTONG

化学工业出版社

·北京·

《裙子裁剪与制作从入门到精通》以女性人体的生理特征、经典服装款式设计为基础，系统阐述了裙子的结构设计原理、变化规律、设计技巧，内容直观易学，有很强的系统性、实用性和可操作性。本书对裙子结构设计基本原理的讲解精准简明，并选取典型裙子款式深入浅出地进一步将理论知识逐步解析透彻，同时选取典型裙子的缝制工艺详细讲解，能让读者举一反三地掌握裙子的裁剪与制作要领。全书内容设计非常符合服装爱好者的学习规律，裙子从经典到时尚的递进讲述，能让读者成为精通裙子裁剪与制作的达人。

本书图文并茂、通俗易懂，制图采用CorelDraw软件，绘图清晰，标注准确，既可作为高等院校服装专业的教材，也可供服装企业裙子制板人员及服装制作爱好者进行学习和参考。

图书在版编目（CIP）数据

裙子裁剪与制作从入门到精通/侯东昱编著. —北京：化学工业出版社，2016.1（2025.5重印）
ISBN 978-7-122-25804-5

Ⅰ.①裙…　Ⅱ.①侯…　Ⅲ.①裙子-服装量裁②裙子-服装缝制　Ⅳ.①TS941.717.8

中国版本图书馆CIP数据核字（2015）第289142号

责任编辑：李彦芳　　　　　　　　　　　　　　　　　　装帧设计：史利平
责任校对：边　涛

出版发行：化学工业出版社(北京市东城区青年湖南街13号　邮政编码100011)
印　　装：北京盛通数码印刷有限公司
889mm×1194mm　1/16　印张12$\frac{1}{2}$　字数405千字　2025年5月北京第1版第8次印刷

购书咨询：010-64518888　　　　　　　售后服务：010-64518899
网　　址：http://www.cip.com.cn
凡购买本书，如有缺损质量问题，本社销售中心负责调换。

定　价：49.00元

　　许多人都对服装设计及制作抱有很大兴趣。想自学服装设计首先要学习裁剪，只有懂得服装裁剪与制作的基础知识，知道一件衣服是由哪些部件组成，是怎样缝制在一起的，然后再学款式设计，这样设计出来的服装才有实用性。怎样学习服装裁剪与服装缝纫呢？服装裁剪一般指的是单件服装的量体裁衣，对服装有兴趣爱好或者开服装店的朋友，多看服装专业书，多进行实操练习，也会通过自学迅速掌握的。

　　服装加工技术的日新月异，不同款式的千变万化，这些无不来源于优秀的服装裁剪和缝制技术，因此服装裁剪技术的发展是服装造型优美的灵魂内在的关键。本书主要针对裙子裁剪与制作进行探讨和研究，通过对人体各个部位的结构特点，构成原理、构成细节、款式变化等方面，进行了系统且全面的分析，具有较强的实用性，使读者能够迅速全面地理解和掌握裙子结构设计的方法。

　　本书通过学习使读者全面地理解和掌握裙子结构设计方法。全书共六章，内容涉及裙子的发展演变、裙子搭配方法、裙子面料的选择等基本概念着手，由浅入深，循序渐进，内容实用，语言通俗易懂，以中国女性人体特征为主，每个章节既有理论分析，又有实际应用，并结合市场上较为流行的款式进行深入的讲解。丰富的款式造型，笔者结合自身多年的工厂实习经验，使读者能够真正地学到并且弄清楚裙子裁剪制作的关键知识与操作技能。

　　本书适合从事服装行业的技术人员和业余爱好者系统提高裙子结构设计的理论和实践能力。本教材采用CorelDraw软件按比例进行绘图，以图文并茂的形式详细分析了典型款式的结构设计原理和方法。

　　本教材由侯东昱教授编著，负责本书整体的组织、编写；屈国靖负责部分内容的整理，插图绘制等工作。在编著本书的过程中参阅了较多的国内外文献资料，在此向这些文献编著者表示由衷的谢意。

　　书中难免存在疏漏和不足，恳请读者指正。

编著者
2015年11月

目录
Contents

认识裙子

蹁跹舞动的裙摆，是每个女孩小小的梦，

小时候梦承载的是公主裙，

慢慢长大，

我们有了绰约的迷你裙、高贵的紧身裙、优雅的中长裙、文艺范的长裙……

不用等到下一个夏天，

且让裙摆自由舞动。

第一节 认识裙子的产生及发展

裙子是下装的两种基本形式之一（另一种是裤装），主要是指女性的下体衣。

通常人们所说的裙子是指以独立形式存在的。但有时也指连衣裙中的下半部分。因其样式变化多端而为人们所广泛穿用。

一、裙子的产生及发展

（一）中国裙子的产生及发展

远古时代，先民有了害羞观念之后，用树叶或兽皮遮挡前面隐私部位，形成裙子的雏形——围裙。到殷商时期，围裙则衍变成祭服的一种装饰品，实用价值不大，仅保存纪念价值。裙子到先秦时期，被称为裳，通常穿在腰部以下的部位，也称"下裳"。裙子逐渐取代下裳，清代礼服中仍保留着它的遗制，只不过将裳改制为两片，遮覆在左右两膝。

而真正意义上的裙装样式出现在汉代，女性穿着裙子搭配上身以襦袄等短衣款式在进入汉代以后逐渐成为风尚。此外，裙装伴随少数民族入主中原，五胡乱华，出现了汉式、胡式并存和胡装汉化的现象，适于骑射的戎式裙装等新款风行一时。唐代裙子与前代相比，主要由裙、衫、帔三件组成，裙长曳地，肩上再披着长围巾一样的帔帛。自满清入关定都之后，立即着手推行以满式旗装为中心的"官员士庶冠服"制度，为现今的旗袍雏形奠定了基础。20世纪20年代形成现代旗袍的造型，并由当时政府于1929年确定为国家礼服之一。20世纪50年代后，旗袍渐渐被冷落，20世纪80年代之后随着传统文化被重新重视，影视文化、时装表演、选美等带来的影响，旗袍逐渐复兴，1984年，旗袍被中华人民共和国国务院指定为女性外交人员礼服，从1990年北京亚运会起，历次举行的奥运会、亚运会以及国际会议、博览会多选择旗袍作为大会礼仪服装，2011年5月23日，旗袍手工制作工艺成为国务院批准公布第三批国家级非物质文化遗产之一。

我国裙子款式的演变如图1-1～图1-10所示。

图1-1 远古时期

图1-2 战国时期

图1-3 先秦时期

图1-4 汉朝时期

图1-5 魏晋南北朝时期

图1-6 隋唐时期

图1-7 宋代时期

图1-8 辽金元时期

图1-9　明朝时期

图1-10　清朝时期

20世纪20年代，旗袍开始流行，其款式是由民国妇女的传统袍服吸收西洋服装式样不断改进而定型的，服装式样的变化多样。旗袍的样式很多，有长旗袍、短旗袍、夹旗袍、单旗袍等。30年代末出现了"改良旗袍"，结构上的改变，这时旗袍已经成熟已经定型，成为旗袍基本形态。在20世纪30年代，改良后的旗袍几乎成为我国妇女的标准服装。从20世纪20～40年代末，中国旗袍流行20多年，款式变化丰富，其衣长、领子、袖子、开衩变化较大，彻底改变了旗袍的传统款式，充分体现女性体态和曲线美，如图1-11所示。

20世纪30年代起，旗袍几乎成了我国妇女的标准服装，民间妇女、学生、工人、达官显贵的太太，无不穿着。旗袍甚至成了交际场合和外交活动的礼服。后来，旗袍还传至国外，为他国女子效仿穿着。

20世纪30～40年代是旗袍的黄金时代，可以说是近代我国女装最灿烂的时期。这时的旗袍造型与当时欧洲流行的女装廓形相吻合，成为"中西合璧"的新服式。

20世纪50年代，时装风格向革命化迈进，旗袍、马褂、西服从生活中消失，以造型简单，风格朴素的列宁装、工装裤和齐耳的短发为时髦的装束。服饰的实用性和意识形态特征被放大了，工人阶级的制服与穿着方式成为一种时髦。朴实，颜色相对单调，以绿、蓝、黑、灰为主的衣衫成为首选。20世纪50年代，从苏联传入的连衣裙"布拉吉"最受欢迎：宽松的短袖、褶皱裙、简单的圆领、碎花、格子和条纹，腰际系一条布带，如图1-12所示。

20世纪60年代，中苏关系的恶化，曾经风行一时的俄罗斯色彩的列宁装、布拉吉几乎在一夜之间销声匿迹，军服成了这一时期的最高时尚。我国真正进入了蓝灰绿的服装时代。拥有一套军装是那个年代无数年轻人的理想。青少年喜欢穿一身草绿色的军装，头戴草绿色军帽，当然，艰苦朴素还是那时最主流的时尚。

20世纪70年代初期和中期的时尚风同60年代末期的一样，最流行穿的依旧是草绿色军装。到了1976年岁末，寒冷的冬天终于过去，服饰的坚冰逐步消融了。人们的服饰也开始从单调统一到绚丽多彩转变。此时，西方的奇装异服悄悄地闯入了国门，人们追求美的意识逐渐苏醒。中国即将走出那个"灰蓝黑绿"的时代，国人深埋几十年的爱美之心，开始在服饰上得以释放……进入改革开放初期的我国，物质还比较贫乏。拥有一件"的确凉"衬衫是"洋气"的象征。它的流行一直延续到了20世纪80年代，同"泡泡纱"等布料做成的服装一起风靡全国，如图1-13所示。

20世纪80年代，改革开放，封闭的大门被打开，服饰流行发生了很大的变化，一个多样化、多色彩的女性服装时代正式到来。第一次直接以时装为题材的《街上流行红裙子》，记录了20世纪80年代开放初期人们思维方式的变化，劳动模范敢于穿上"袒胸露臂"的红裙子上街，而且还到各个服装店去"斩裙"（当时的流行词80年代用语，代指当时姑娘有比赛穿漂亮衣服的习惯。），是继《庐山恋》之后又一部引领时尚的作品，如图1-14所示。

图1-11　改良旗袍

图1-12　布拉吉

图1-13　20世纪70年代
时期裙子

图1-14　20世纪80年代
时期"红裙子"

20世纪90年代是我国女性服装变化最快的年代，电视剧《公关小姐》中女主角的着装就成了观众竞相模仿的对象。"一步裙"也随之风生水起。所谓一步裙，顾名思义，就是穿上之后你的腿只能张开差不多一步那么大。在内地很多城市，满大街都是穿着又宽又大短袖上衣、窄小"一步裙"的女人，如图1-15所示。多数女性都有好几条一步裙。20世纪90年代，我国服装至少在高收入人群中已经实现了与世界的同步。奢侈、豪华、昂贵不再是用来批判西方生活方式的专用词，而成为人们理直气壮追求的生活目标，对名牌的崇拜成为高尚品位的表现。

在21世纪的最初几年，国人对服装诉求的最高境界就是穿出个性——最好是独一无二。服装的主要作用已经不再是御寒，而是一种个性魅力的展现。同时，随着改革开放的不断深入，世界服装艺术中的中国元素也开始得到越来越广泛的体现。中国服装作为一种文化潮流和商业主流在全世界受到注目和尊重。随着我国经济的高速发展，中西方文化相互融合差异逐步缩小。

（二）西方裙子的产生及发展

在西方，古埃及时就有裙装，初始是一种合体简单的直筒形装束，多为具有较高地位的女子穿用。中世纪欧洲是基督教统治时期，基督教对欧洲服饰影响巨大，常服只以白色的肥大长衣和连袖外套为主，衣服式样以拖地长袍为主。中世纪初期，欧洲人服装简朴，平民贵族衣式相同。8～9世纪女式服装为长至脚踝的紧身长衣。10世纪女式服装受拜占庭的影响变得宽大，衣服装饰华丽。至12世纪宽松的衣服变得瘦窄，使身体曲线得以突出，其剪裁方法是上下衣分裁后缝合，与以前使用一块大布不同。13世纪，男女服装趋于一致，妇女穿长袍，便于劳动，收获时裙子口袋可装农作物。14世纪，欧洲服装开始有了变化，贵族男女追逐时尚，贵族妇女争奇斗妍，女人有连衫长裙、晚礼服等。15世纪妇女服装向男装靠近。

西方裙子款式的演变如图1-16～图1-24所示。

图1-15　20世纪90年代时期"一步裙"

图1-16　3～4世纪古埃及时期

图1-17　5～6世纪古希腊时期

图1-18　7～8世纪古罗马时期

图1-19　9～12世纪拜占庭时期

图1-20　14～15世纪西欧中世纪时期

图1-21　16世纪文艺复兴时期

图1-22　17世纪巴洛克时期

图1-23　18世纪洛可可时期

图1-24　19世纪浪漫主义时期

到了中世纪哥特式时期，宽衣时代的平面性、直线性的裁剪方式从此受到颠覆，由于省道技术的使用，服装走入三维立体裁剪的天地，为窄衣形服装大行其道奠定了技术基础，同时也使东西方的男女服装观念出现分道扬镳的现象。随着整体服装的装饰化，到了16世纪中期，出现了裙撑（用来撑开裙褶的撑架物），使裙子造型更有膨胀感。19世纪末期，又出现了在臀部放入后腰垫的裙子。

仔细观察我们平常穿的衣服时会注意到，在衣服上会有一些缝合线，因为人体的起伏不平而将平面的面料符合人体，再将面料多余起空的部分收起折叠，收起就成为"省"，其作用是让服装穿在人体合身、平伏、完美。省道技术是指在衣片任何一个部位通过缝合形成锥形、菱形或接近锥形、菱形的部分，主要解决的是人体的胸腰差量、臀腰差量及胸凸量，使服装合体的技术，如图1-25所示。

省道按照衣服部位可分为：胸腰省、肩省、腋下省、袖窿省、肩省、领省和门襟省等。

服装中的"省"

服装中的"省"

图1-25　省道

20世纪20年代，女装时尚经历一场天翻地覆的变革，追求中性化乃至男性化的着装风格。男孩气的短发以及宽松裙装是那个时代的时尚标志，短款直筒裙，短而整齐的发型和平胸的直线设计。由于第一次世界大战的发生，伴随女性加入社会生活的同时，裙子也变为易于活动的短裙形，如图1-26所示。

图1-26　20世纪20年代女装

图1-27　香奈儿和品牌标志

图1-28　简奴·朗万

这个时期的两位著名设计师是加布里埃·香奈儿（Gabrielle Bonheur Chanel）和简奴·朗万（Jeanne Lanvin）。香奈儿可谓20世纪20年代风格剪影的重要缔造者之一（图1-27）。香奈儿的风格更加注重服装的典雅气质和精致剪裁，而不是虚有的炫耀财富和地位。更加强调衣服的舒适性和实用性，这可谓时代性的改革。同时香奈儿设计了世上第一件黑色裙，并成为后来许多知名设计师的灵感来源和效仿的范本。朗万是巴黎高级时装设计师（图1-28），其服装设计风格浪漫而优雅，童装起家的朗万，以连衣裙上丰富的褶裥设计而出名；她的长袍女装在如今礼服造型中依旧堪称经典，而短裙、紧身胸衣、复杂串珠搭配则令20世纪20年代的风格经久不衰。如今的朗万已成为法国历史上最悠久的高级时装品牌，从中世纪彩色玻璃画获得灵感的"朗万蓝"十分有名。20世纪20年代，推出高格调的管状女装。20世纪30年代的代表作是"睡衣式女装""披肩式女装""兹瓦布式的裙裤"1926年开设男装部门，打开了高级时装店经营男装的先河。

20世纪30年代，中性化的着装风格已经淡出时尚舞台，华美浪漫风才是聚光灯的焦点所在，女性化时尚开始回归，显示女性曲线的裙装再次成为了时尚人士的宠爱。服装更加强调腰部的设计，但并没有回到20世纪初的极端夸张化的束腰。受到电影明星的影响，晚礼服变得更加华美精致。露背晚宴装是20世纪30年代最重要的创新设计，露背至近腰的晚礼服款式开始风行，暴露背部开始被视为一种"美感"和"性感"。同时，两件式的套装开始流行，简单的短衬衫搭配包裹裙是时尚流行的典范，如图1-29所示。

这个时期的两位著名设计师是艾尔萨·夏帕瑞丽（Elsa Schiaparelli）和玛德琳·薇欧奈（Madeleine Vionnet）。夏帕瑞丽是20世纪30年代最为活跃且最具代表性的设计师，这位意大利设计师可与香奈儿媲美，在她趋向女性化的超梦幻服饰中，你总能发现超现实主义的小巧思，为时尚界带来一股新的设计气息。她的服装非常注重通过刺绣展示细节，并在颜色和图案上大胆求新，她更是主张"不是人穿衣服，而是衣服挑人"的新风尚。夏帕瑞丽的另一个大贡献就是推动了拉链的使用，如图1-30所示。薇欧奈被誉为"斜裁大师"，采用更加立体的剪裁，大量地使用褶皱，此类希腊女神造型成为当时必不可少的流行，如图1-31所示。

哇！拉链经常在裙子中使用

图1-29　20世纪30年代裙子　　　　　图1-30　艾尔萨·夏帕瑞丽及作品　　　图1-31　玛德琳·薇欧奈作品

第二次世界大战的爆发引发了物资紧缺，人们无暇顾及穿衣打扮，衣服更加强调实用性，许多女性穿上了军装，女装也更趋向制服化和功能化。1942年，英国政府更是对服装生产进行了严格规定，任何对服装无谓的过度装饰都视为非法和"不爱国"行为，服装的款式也渐趋短小。女装裙子的褶裥数量受到限制，袖子、领子和腰带的宽度也有相应的规定。这些虽然给时尚界造成了天翻地覆的改变，却不能扼杀它的发展，反而促进时尚对实用性的思考，让女装更具功能性，如图1-32所示。

这个时期的两位著名设计师是克莱尔·麦卡德尔（Claire McCardell）和古驰奥·古琦（Guccio Gucci）。麦卡德尔简洁舒适的服装设计风格大受追捧，被奉为"美国运动服装之母"。她采用了极简主义设计，并掀起了一场"时尚民主化"运动，如图1-33所示。意大利设计师古琦是行李箱设计师，其带有创办人古琦先生名字缩写的经典双G标志在20世纪40年代问世，沿用至今，深受全球时尚人士追捧，产品包括时装、皮具、皮鞋、手表、领带、丝巾、香水、家居用品及宠物用品等，中文译作古驰。GUCCI品牌时装一向以高档、豪华、性感而闻名于世，以"身份与财富之象征"品牌形象成为富有上流社会的消费宠儿，被商界人士垂青。古驰现在是意大利最大的时装集团，如图1-34所示。

Claire McCardell

GUCCI

Guccio Gucci

图1-32　20世纪40年代裙子　　　　　图1-33　克莱尔·麦卡德尔作品　　　　图1-34　古驰奥·古琦和品牌标志

20世纪50年代的西方服装被称为最优雅的时代，典雅的服装风格与战争时期的男性化形成了鲜明对比。第二次世界大战之后，满目疮痍，百业待兴，但这无法阻止时尚的重生，带走了节衣缩食的"男军装、女工装"单一打扮风格，迎来了高级定制时装的回潮，英国时尚业开始采用创新的立体化剪裁和精细的手工艺，重新演绎高贵典雅风，女性曲线再次成为服装的重要诉求，重新定义的女性化轮廓以及曼妙的中长裙几乎风靡了整个50年代。裙子主要有两种，一种是包得紧紧的裙子，另一种则是稍宽松的百褶喇叭裙。旧式百褶半裙、大幅的裙摆被改良成无褶A字裙，长度也相应缩短，使穿着者活动更加自如。细腰带是值得投资的单品，用来提升腰部线条。束身胸衣与宽大裙撑的复兴，让女人们一夜间又回到了19世纪，更成就了时装史上"黄金年代"。尽管New Look（新形象）在20世纪40年代末震撼了时尚界，但战后困窘的欧洲根本消受不起这种耗料多达20码的奢侈裙摆，反倒在阔绰的美国率先流行起来，几年后才形成世界性的潮流。女性的地位随着战争的结束也发生了转变，她们开始回归家庭，战后倡导女人回家"带孩子"的主流观念上，精致如花瓶一样的女性形象成为时代定义，20世纪50年代也因此刮起了一股俏丽贵妇风，如图1-35所示。

这个时期迪奥（Christian Dior）和巴黎世家（Cristobal Balenciaga）可谓这场时装变革的领头羊。迪奥先生以"新面貌New Look"系列震惊世界，人们甚至惊呼是迪奥真正地结束了第二次世界大战，让人们心灵回归美好。这种花冠式的设计使用大量面料，但新的技术和设计手法使得服装展现出高贵典雅。"漏斗型"的轮廓剪裁更是成为迪奥50年代的经典，如图1-36所示。巴黎世家（Balenciaga）当时与时装巨头迪奥可谓并驾齐驱，是时尚界最有影响力的品牌之一，1919年由克里斯托瓦尔·巴朗斯加（Cristóbal Balenciaga）成立，1936年落户巴黎，他引领了1930年到1968年之间很多重要的时尚运动。有代表性的成衣系列体现了品牌的身份，皮具、鞋和饰品也取得了全球性的成绩，皮包是品牌的主打产品之一。巴黎世家男士成衣系列产品也取得了显著的成功。对布料的新奇运用是其拿手好戏，衬裙、蕾丝、质感的网织花和亮色布料都是巴黎世家设计图上的小精灵。这样高品质和奢华装饰让服装从战时的配给制中完全解放出来，现任设计师是亚历山大·王（Alexander Wang），如图1-37所示。

图1-35　20世纪50年代裙子　　　　图1-36　迪奥和品牌标志　　　　图1-37　亚历山大·王和品牌标志

20世纪50年代的设计大师纪梵希（Givenchy）于1952年开始在时装的舞台上散发光芒。他可谓年轻有为，25岁就在巴黎开了自己的第一件工作室，当时正值Dior的新形象风靡欧美，纪梵希却另有一番看法，他推出的个人系列是简单棉布衬衫、风衣、裤装和羊毛开衫，如图1-38所示。此外他还创造了两件套晚装，成为简单舒适的潮流日装。而纪梵希的事业巅峰是与奥黛丽·赫本的完美合作，在电影《蒂芙尼的早餐（Breakfast at Tiffany's）》中的小黑裙，俏丽而经典，立刻成为万千女性的新宠，以至于随后的几十年中仍不断地被复制和模仿，如图1-39所示。

20世纪50年代还迎来了Chanel的回潮，香奈儿开始重新省视自己的设计风格，与Dior大走高级定制和大量运用面料的潮流不同，香奈儿反行其道，推崇简约典雅风，认为成衣时装才是时尚发展的趋势，她设计的小黑裙可谓是香奈儿的典范。1983年起由设计天才卡尔·拉格菲尔德（KARL LAGERFELD）接班，如图1-40所示，他一直担任Chanel的总设计师，将Chanel的时装推向另一个高峰。

GIVENCHY

图1-38　纪梵希和品牌标志

图1-39　纪梵希为奥黛丽·赫本
　　　　设计的小黑裙

图1-40　Chanel设计师卡尔·拉
　　　　格菲尔德

　　20世纪60年代是一个社会大变革的时代。时尚、音乐和社会都发生了天翻地覆的改变，旧习俗被一一打破，被称作"年轻风暴"的新生代在60年代成为时尚消费主力。时尚界开始将全部的焦点集中在年轻人身上，"潮流"前所未有的迅速传播，颠覆传统限制与禁忌的迷你裙在此时应运而生，长度短至膝上5cm的裙长款式瞬间风靡全球，同时也开创了服装史上最短裙长的新纪录。60年代初期，你仍可以看到50年代优雅的触地长裙。而后期，短而直筒的中性化裙款才是潮流。如今我们耳熟能详的蒙德里安裙、吸烟装、太空装等无数时装经典都诞生于60年代。从这时开始，再没有一种时尚风格可以统领所有人对时髦的认知，如图1-41所示。

　　这个时期的著名设计师有玛丽·奎恩特（Mary Quant）、伊夫·圣·洛朗（Yves Saint Laurent）、艾米里欧·璞琪（Emilio Pucci）、安德烈·库雷热（André Courrèges）。玛丽·奎恩特是英国时装设计师，被誉为"迷你裙之母"，但她并不是"迷你裙"的发明者，而是将这一概念商业化，让其席卷全世界，她设计的迷你裙又称超短裙，使世界时装进入了一个全新的超短型时代，一度风靡世界，如图1-42所示。伊夫·圣·洛朗是法国巴黎高级时装设计师，20世纪60年代的后半期，他使自己的高级时装和高级成衣遍及全世界，并把抽象派艺术和现代流行文化融合到时装里，发展出新造型主义的蒙德里安风貌（Mondrian Look）。Le Smoking是洛朗的鼎盛之作，圣罗兰创造了现代女性的服装，从而改变了整个时装格局，是成衣时装的缔造者，如图1-43所示。

　　璞琪是意大利著名时装设计师，以其丰富的彩色几何印花著称，被称为印花大师，阿波罗十五号放在月球的那幅旗帜也是璞琪的作品，滑雪服饰及宽松裤套装和头巾的潮流都是璞琪笔下的经典。

　　到底是设计师安德烈·库雷热还是玛丽·奎恩特发明了超短裙，这一话题从20世纪60年代一直争执至今。但有一点是肯定的，安德烈·库雷热是最先推出超短裙的时装品牌之一，他是巴黎时装界最富有革命性的人物之一，是继香奈尔之后将男装的设计素材大胆地运用于女装的设计师，为女性提供简洁明快的款式，并建立起全新的现代美学观念。库雷热被奉为20世纪60年代"未来主义"大师，"太空时代"白色、银色系、亮片厚垫防寒靴和太空帽都是安德烈的经典设计，他设计的超短裙称为史上裙摆长度的极限，从而让迷你裙变成更高、更体面的服装，而不是街头的流行服饰，改革后的迷你裙被封为"切尔西女孩造型"。

图1-41　20世纪60年代裙装

图1-42　玛丽·奎恩特和她设计
　　　　的超短裙

图1-43　伊夫·圣·洛朗
　　　　和品牌标志

20世纪70年代的时尚界可谓百花争艳，出现"裙长的困惑"，裙子的长短和样式的基本形态上追求高度统一，几种长度的裙子逐渐成为女性着装中的经典。个性化和自我表现才是时尚，刚刚盖过臀部的迷你裙、膝盖上沿的超短裙与紧窄合体的小上衣配套，充满活力与激情；长及小腿的中裙则成为白领女性的标准着装；长而曳地的及地裙浪漫优雅。裙长的变化成为服装多样化的标志，如图1-44所示。

这个时期的著名设计师有黛安·冯芙丝汀宝（Diane von Furstenber）、奥希·克拉克（Ossie Clark）、乔治·阿玛尼（Giorgio Armani）、高田贤三（Kenzo Takada）、川久保玲（Comme des Garcons）、意大利知名品牌米索尼（MISSONI）。

图1-44　20世纪70年代裙子　　　图1-45　黛安·冯芙丝汀宝和她设计的裹身裙　　　图1-46　奥希·克拉克

黛安·冯芙丝汀宝是俄罗斯犹太裔设计师，1973年生，令她一炮而红的经典设计——裹身裙（Wrap Dress）"Wrap Around Dress"泛指没有拉链和纽扣，只依靠腰带索紧衣服的包裹式设计。此设计取材于日本和服，并配合时尚的图案，令款式迅速成为一股女性时装的新热潮，于短短3年大卖超过500万条。1975年，DVF以29岁之龄登上"Newsweek"《新闻一周》的封面，并获得"纽约时装皇后"的美誉。当时不少时装界的权威人物也形容DVF为继Coco Chanel后最有市场潜力的时装设计师，可谓"一条裙走天下"。1972年，摄影师Roger Prigent为年轻的DVF拍下了著名的相片黛安穿着她最经典的锁链图案围裹裙，背后倚靠的白色方块上写着她的著名言论"想要有女人味就穿上裙子"，风靡时尚圈40年。如今，DVF已经成为了世界顶级时尚品牌，被人们视为尊贵的象征，如图1-45所示。

奥希·克拉克是20世纪六七十年代最具影响力的英国服装师。有人说，是他定义了当时伦敦的时尚。他拥有非凡的剪裁技术，赋予服装牢固的结构和性感的轮廓，尤以斜裁连衣裙见长。他是第一个使机车夹克、热裤、特长大衣（长至脚踝的）流行的设计师，他擅长将不同的面料（如羊毛、丝绸等）混合使用。他对女性的身体线条简直了如指掌。有人说，他只消对女顾客从头到脚摸索一遍，就能做出一条完美妥帖的裙子。奥希非常喜爱舞蹈，所以追求衣服的飘逸和流畅感，而他的妻子——纺织品设计师西利亚·波特维尔（Celia Birtwell）亲自为其设计服装面料，让奥希的设计图纸活了过来，也引发了20世纪70年代薄纱礼服的潮流，如图1-46所示。

乔治·阿玛尼是一位著名的意大利时装设计师，世界顶级服装设计师之一，曾在切瑞蒂任男装设计师，1975年创立乔治·阿玛尼公司。如果编制一份世界上最杰出的时尚大师名单，绝对不应漏掉乔治·阿玛尼，他在国际时尚界是一个富有魅力的传奇人物，他设计的作品优雅含蓄，大方简洁，做工考究，集中代表了意大利的时尚风格。乔治·阿玛尼品牌在大众心中超出其本身的意义，成为了事业有成和现代生活方式的象征，阿玛尼公司除经营服装外，还设计领带、眼镜、丝巾、皮革用品、香水乃至家居用品等，产品销往全球100多个国家和地区，是美国销量最大的欧洲时装品牌，如图1-47所示。高田贤三是法国籍日本时装设计师，用自己的名贤三命名的KENZO品牌，已经不仅仅是时装业的精品，在化妆品、香水领域也是大名鼎鼎。其时装不是那种标新立异的拔高，它有一点点传统，有许多热情的颜色，有活生生的图案，还有几分狂野。图案往往取自大自然，他喜欢猫、鸟、蝴蝶、鱼等美丽的小生物，尤其倾心于花，如图1-48所示。川久保玲是20世纪70年代日本设计师崛起的代表人物，给流行时尚界带来了富有东方内涵的设计。她用色朴素，常用黑白色，结构设计中融入现代建筑美学概念，大胆地打破华美高雅的西方传统女装，斜线型的裙装下摆，毛衣上的破洞，故意保留的缝线针迹，造就了所谓的"乞丐装"，独特创新的设计注定了川久保玲在时尚圈的成功，如图1-49所示。"米索尼"即Missoni，为意大利著名奢侈时装品牌。泰·米索尼（Ottavio Missoni）与罗莎塔·米索尼（Rosita Missoni）夫妇创建的以针织著称的米索尼品牌有着典型的意大利风格，几何抽象图案及多彩线条是米索尼的特色，优良的制作、有着强烈的艺术感染力的设计、鲜亮的充满想象的色彩搭配，使米索尼时装不只是一件时装，更像一件艺术品，因而受到全球时装界的广泛关注，"色彩+条纹+针织"是品牌的基本元素，不同的组合和搭配创造出Missoni的缤纷世界，每个角度、每个瞬间永不雷同，充满惊喜。无论时代如何变迁，Missoni一如既往地继续着它有趣、时髦、创意的品牌风格，如图1-50所示。

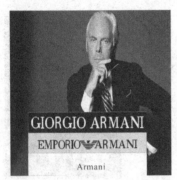

图1-47　乔治·阿玛尼和品牌标志

图1-48　高田贤三和品牌标志

图1-49　川久保玲和品牌标志

图1-50　米索尼夫妇和他们的品牌标志

　　20世纪80年代可能是最后一个具有强烈时装风格的10年了，对于时装界来说，是一次真正意义上的革命，不仅见证了品牌雄心勃勃的无限发展，同时奠定了当今时尚教父教母们的崇高地位。朋克、摇滚、极简、解构、未来主义等新元素横空出世并成为主流的时尚文化，而乡村、格纹、圆点、贵族休闲等经典元素也在某种意义上得到了巩固。20世纪80年代是女强人的时代，及膝铅笔裙加上宽大的垫肩成为80年代职业女性的着装标志，这似乎更像是女人表达独立强势、要与男人平等竞争的宣言。职场女性树立威信必学的优雅装扮，宽垫肩、精致剪裁、短小紧身的半身裙、轮廓分明的衬衣，大量从男装设计中借鉴而来的细节暗暗呼应了当时的精英女性们，如图1-51所示。戴安娜王妃成为全球女士争相效仿的时尚偶像，王妃高贵得体的衣着品位，让她集万千宠爱于一身，其优雅干净的短发更是个人标签，全球女士争相效仿，绝对是百年难得一见的皇室明星，如图1-52所示。美国女歌手麦当娜·西科尼（Madonna Ciccone）成为领军式的时尚标志，带动了如迪斯科风、蓬蓬裙、李维斯（Levis）、内衣外穿、蕾丝露指手套等一系列的流行元素，内衣外穿直接影响了未来的服装发展，如图1-53所示。

　　这个时期的著名设计师有卡尔文·克莱恩（Calvin Klein）、拉夫·劳伦（Polo Ralph Lauren）、维维安·韦斯特伍德（Vivienne Westwood）、三宅一生（Issey Miyake）、乔瓦尼·詹尼·范思哲（Giovanni Ginanni Versace）、山本耀司（Yohji Yamamoto）。卡尔文·克莱恩是美国第一大设计师品牌"CK"的设计师，曾经连续四度获得知名的服装奖项。旗下的相关产品更是层出不穷，声势极为惊人。他崇尚极简主义和现代的都会感，大量运用丝、缎、麻、棉与毛料等天然材质，搭配利落剪裁和中性色彩，呈现一种干净完美的形象，也奠定了CK的设计基调，并被认为是当今美国时尚的代表人物。主要有高级时装、高

图1-51　20世纪80年代服装

图1-52　戴安娜王妃的经典服装

图1-53　麦当娜内衣外穿

级成衣、牛仔三大品牌，另外还经营休闲装、袜子、内衣、睡衣、泳衣、香水、眼镜、家饰用品等，如图1-54所示。拉夫·劳伦起初是以设计西装而闻名的，后来他开创了"Preppy set"的风格，一种以哈佛、耶鲁这样历史名校的学生着装风格为灵感，简单大方的Polo衬衫正是这种风格的精髓所在。这种融合休闲与贵族气息的风格获得了各种社会阶层和年龄层的喜爱，拉夫·劳伦的设计融合浪漫的气息、创新的灵感、古典的韵味，讲究细节，面料总是给人舒适的感受，款式简洁、流畅，是美国品牌的代表创作，成为了当今绅士休闲服饰的代名词，也是最具马球精神的品牌，如图1-55所示。维维安·韦斯特伍德是英国时装设计师，时装界的"朋克之母"。她使摇滚具有了典型的外表，撕口子或挖洞的T恤、拉链、色情口号、金属挂链等，并一直影响至今，如图1-56所示。三宅一生出生于日本，时尚之路却始于欧洲，开创了和服与西方服饰结合的新风潮。他以极富工艺创新的服饰设计与展览而闻名于世，最著名的是褶皱的运用，他最大的成功之处就在于"创新"，他开创了服装设计上的解构主义设计风格，被称为"我们这个时代中最伟大的服装创造家"，成为名震寰宇的世界优秀时装品牌，如图1-57所示。范思哲是意大利著名服装设计师，是品牌范思哲的创办人，曾获得获美国国际时装设计师协会奖、最富创意设计师奖等多个奖项。其设计风格鲜明，是独特的美感极强的先锋艺术的象征，其中魅力独具的是那些展示充满文艺复兴时期特色的华丽的具有丰富想象力的款式，如图1-58所示。山本耀司是世界时装日本浪潮的设计师和新掌门人，他以简洁而富有韵味、线条流畅、反时尚的设计风格而著称。以日本和服为基础，借以层叠、悬垂、包缠等手段形成一种非固定结构的着装概念，形成一种非对称的外观造型，令时装界对这个日本人刮目相看，Vogue封他的设计为"斜裁时尚"，如图1-59所示。

　　20世纪90年代是一个充满改革和创新的时代。80年代被看做太过保守和过分注重性感的时期，而90年代这是一个没有人再会因为短的不能再短的裙子而惊异的年代，开始追求节约与回归自然。90年代后期则是中长裙和休闲西装的天下，中性风潮的盛行也使人们彻底淡化了性别的差异，长还是短、裙子还是裤子，早已经不再是问题，潮流瞬息万变。极简主义、前卫风潮、嘻哈文化、Grunge风、环保主义……太多值得在90年代记忆的时装时刻，甚至已无法让我们用只言片语来一一历数。现

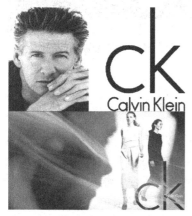

图1-54　卡尔文·克莱恩与品牌CK

图1-55　拉夫·劳伦与Polo衫

图1-56　"朋克之母"维维安·韦斯特伍德

图1-57　三宅一生和他的经典服装　　　　图1-58　范思哲家族和他们的品牌标志　　　　图1-59　山本耀司

代时装不仅要注重其实用性，而且还要重视其自由着装的个性，裙子也不例外。特别是组合变化多的服装已成为流行的主流，裙子所起的作用也越来越引起人们的关注，它的形状与着装也越来越向多样化发展。裙子根据各个时代的不同要求与流行，经历了各种演变至今，已成为不可缺少的服种之一，如图1-60所示。

　　这个时期的著名设计师有亚历山大·麦昆（Alexander McQueen）、渡边淳弥（Junya Watanabe）、马丁·马吉拉（Martin Margiela）。亚历山大·麦昆是英国著名的服装设计师，有坏孩子之称，被认为是英国的时尚教父、"鬼才设计师"。其服装作品充满争议性，其中包括骷髅丝巾、超低腰牛仔裤、驴蹄鞋。他的设计总是妖异出位，充满天马行空的创意，极具戏剧性，如图1-61所示。渡边淳弥毕业于东京文化服装学院，毕业后，便进入川久保玲的工作室做制板工作。渐渐地他在工作中崭露头角，受到赏识并被晋升为男装总设计师。1992年决定单飞成立同名品牌，1年后在巴黎发布了处女秀，好评如潮，如图1-62所示。马丁·马吉拉是比利时服装设计师，他的服装的最大特色在于一个"旧"字。他是以解构和重组衣服的技术而闻名，将长袍解构并改造成短夹克，旧袜子重组为一件毛衣，极具环保概念的新构思为设计开创了一种新的领域。

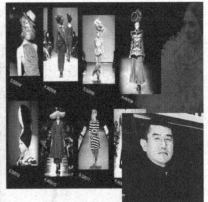

图1-60　20世纪90年代服装　　　　图1-61　亚历山大·麦昆和他的作品　　　　图1-62　渡边淳弥和他的作品

二、近年裙子流行的款式

　　现今市场上的裙子款式多样，似乎很难找到相同的裙子，裙子也不是只属于夏季，每个季节都能展现女性的风情，裙子能够让女性或青春靓丽，或性感妩媚，完美地展示出女人的韵味。

　　很对女性一直秉承"我的衣柜永远少一件衣服、一双鞋、一个包"。对于品质好、款式具有代表性的衣服，都会一件一件都认真收藏起来，这就是女性无限幸福的生活，女人爱衣服，爱裙子、爱裤子、爱不同风格的上衣，衣服把女人装饰的更美，让女人充满魅力，追求美、创造美。

近年流行的裙子款式很多，比较有代表性的是蓬蓬裙、花苞裙、太阳裙、灯笼裙、新波西米亚长裙、文艺范长裙。

（一）蓬蓬裙

蓬蓬裙早已不是欧洲古代女性穿的那类里面有金属支撑或用很多层内衬撑起来的裙子。前几年蓬蓬裙似乎代表着一种怀旧的记忆，是女裙保守古板的线条和款式的代表，这些都使得蓬蓬裙一时被众人所遗忘。现今流行的蓬蓬裙的样式受到服装材料的更新及运用多种新工艺的出现，使得蓬蓬裙的立体感更强，更具时尚风格，各种元素的搭配使得如今的蓬蓬裙使女性显得更年轻，除了搭配上T恤走可爱甜美的风格，也可以搭配西装外套、可爱小洋装，各种风格都能将女人的妩媚与风情渗透在层层衬裙间，在视觉上，裙摆的弧度就会映衬出腰身的纤细，让女性的身材更加婀娜，如图1-63所示。

（二）花苞裙

花苞裙就是裙型如花朵儿一般，其立体造型美观，成为当下新宠。经典雅致花苞裙能收臀细腰体现女性圆润的弧形线条，型姿兼备，花苞裙一点也不"挑"人，上窄下宽的设计既突出了腰部的纤细，又对下身起到恰到好处的掩饰作用，即使没有魔鬼身材，穿上它再搭配带有设计感的高跟鞋，也能像童话里的公主。花苞裙精致的剪裁使得裙身的版型独特，在春秋时搭配一件气质蕾丝白色上衣，都市时尚白领形象瞬间诞生，如图1-64所示。

（三）太阳裙

太阳裙也是全圆裙，出现于20世纪30年代，1998年再度流行，是夏季服装的代表。根据美国的一项生活方式调查的数据，34%的男性认为女性在身着太阳裙时最性感。随着年龄增长，持此论调的男性比例也跟着上升。年龄在55至70岁的男性中，42%认为女性身着休闲太阳裙比牛仔裤或者优雅的晚装更凸显女性魅力，太阳裙永远是夏装首选。现今流行的太阳裙裙长较短，搭配上优雅简约的小套装，使女性散花发出迷人自信，甜美优雅的感觉，如图1-65所示。

（四）灯笼裙

灯笼裙也叫球形裙，它的长度一般在膝盖以下，裙尾往里收，带着一股浓烈的浪漫童话风格。肥大的灯笼裙打破了目前时尚圈中过于条条框框的沉闷气息，创造出一种焕然一新的年轻时尚，于是这种花骨朵形状的裙子几乎出现在本季所有设计师的设计之中。年轻女孩穿的裙子和热裤，开始凸现复古浪漫之风，灯笼形、花苞状等流行元素开始大行其道，更增添了童趣、妩媚和浪漫之风。与彰显童趣的蓬蓬裙相比，灯笼裙更显优雅。灯笼小短裙配有印花或刺绣的牛仔小外套，里面配上一件和灯笼裙颜色相近的背心，时尚感会很强。配上一件白色的休闲小外套，有一股邻家乖乖女的感觉。目前春夏衣橱对球形服饰格外偏爱，灯笼裙成为魅力单品，随性的灯笼裙搭配上可爱上衣，整体造型走简单风，也不失美感，如图1-66所示。

图1-63　蓬蓬裙

图1-64　花苞裙

图1-65　太阳裙

图1-66 灯笼裙

（五）新波西米亚长裙

新波西米亚，又被称为现代波西米亚，源于20世纪60年代末到70年代，现今已演变出新流行：多样化、更华丽、更摩登，融合了多地区多民族的特色，层层叠叠的波浪多褶裙，印度的珠绣和亮片，摩洛哥的皮流苏和串珠……种种最丰富的色彩和最多变的装饰手段等，崇尚自由个性，把没有原则当成原则的方式，是波西米亚的精髓，看似"混乱"的混搭正是不拘一格的精神，波西米亚风格的精妙可不是只有长裙才能体现。在每个夏天新波西米亚风格单品一定是你的好选择，让你散花发出迷人自信，如图1-67所示。

（六）文艺范长裙

穿上飘逸的连身长裙，搭配一双舒适的平底鞋，很有文艺女生的知性感觉，为每季的街头添上一抹清新的质感。文艺范长裙的经典造型服饰是穿它们就算不美丽，也与众不同。要想文艺范就要选择白衬衫或白T恤、白背心，紧身有型都不可以，一定要松、要垮，要有颓废感；棉布长裙、帆布鞋、银饰、书……文艺范长裙使女性真正拥有个人风格，穿着放松、随性，性感魅力也随之绽放，如图1-68所示。

图1-67 新波西米亚长裙

图1-68 文艺范长裙

第二节 常见裙子款式及搭配

一、裙子的分类

裙子的种类多种多样、千变万化，裙子的划分可按风格、长度、形态以及腰围线高低的不同进行分类。

（一）按裙子风格分类

1. 商务风格裙

即处于工作中或即将出席商务谈判等类似的场合条件下，所需穿着搭配的裙子，如图1-69所示。

图1-69 商务风格裙子

2. 运动风格裙

多用于夏天参与体育运动活动时穿着，如图1-70所示。

图1-70　运动风格裙子

3. 休闲风格裙

在非正式场合穿着，如逛街、散步等，如图1-71所示。

图1-71　休闲风格裙子

4. 晚宴风格裙

属于正装裙，主要用于参与各种正式大型宴会等，如图1-72所示。

图1-72　晚宴风格裙子

（二）按腰围线高低分类

按裙子腰节的高低分（以肚脐位参考）可分为低腰裙、中腰裙、高腰裙等，如图1-73所示。

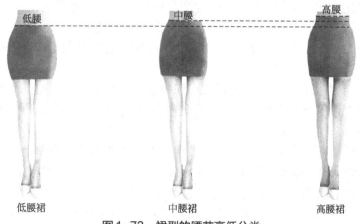

图1-73　裙型的腰节高低分类

（三）按裙子长度分类

裙子长短的演变发展可参考欧洲裙长的演变情况，因为现代市场上所流行的款式特点主要来源于欧洲，如图1-74所示。

图1-74　欧洲裙子长度的演变

100多年以前，女人逐渐舍弃繁复的裙撑和厚重的衬裙，不断争取自由，解放自身首先要解放双腿和腰身的束缚。有一个有意思的说法，1926年经济学家提出"裙长理论"，专门研究过裙子与经济的关系，叫作"裙子经济"，结论是，裙子的长度与经济的发展成反比。也就是说，裙子越长，经济就越落后；裙子越短，经济就越先进、越发展。

20世纪初裙长：及踝，流行的奢华风格一种，沙漏造型，紧身胸衣以及百合状的长裙组成。另外，一代"时尚界的统治者"的法国设计大师保罗·波莱特（Paul Poiret）倾向设计线条流畅的裙装，灵感来自于法国执政内阁时期的风格和东方风格，1912年更是设计出了一种极端的裙子，下摆收窄，裙长及踝，臀部较宽的斜开式的"蹒跚裙"，深受当时的贵族和时髦女子的宠爱。

20世纪20年代裙长：过膝，中裙流行，出现了简单宽松的直筒连衣裙和直筒裙。简约设计的香奈儿套装也应运而生，经典小黑裙也从当时开始流行。

20世纪30年代裙长：中长，至胫骨裙（长及小腿中部的裙长）流行，这一时期的女裙常采用垂感号的面料，长及小腿，突出腰线，臀部收窄，下摆展开。通过采用斜裁、垂悬、围裹突出线条的精致，腰线回归原来的位置。

20世纪40年代裙长：过膝，过膝裙流行，第二次世界大战期间裙长及膝而且剪裁得很窄，盛行实用性强的套装。战后迪奥便推出了裙子下摆宽大，充分展现了女性优美形体的裙型。同时窄裙身得到沿袭，更加修长瘦窄的铅笔裙便开始流行。

20世纪50年代裙长：中长，40年代晚期的迪奥风仍在持续，裙装长度抬至膝盖但变化幅度不大，50年代后期设计师玛丽·奎恩特推行小短裙，她认为下摆在膝盖以上的半裙活动更自由。

20世纪60年代裙长：迷你，"迷你裙"是这一时期最典型的裙装风格。宽松学生裙、衬衫裙、衬衫式马甲式及无领无袖连衣裙也风行大街小巷，设计师们的手法也更加随意和多元化。

20世纪70年代裙长：迷你与及地，迷你裙和超长裙流行，裙子的长度在这一时期更加反常规似的"极端"，超短或超长。

20世纪80年代裙长：及膝，迷你裙持续，各式裙装长短不一，及膝铅笔裙加上宽大的垫肩成为80年代职业女性的着装标志，女式裙装高腰低腰层出不穷，裙子更是长短不一。

20世纪90年代裙长：超短，裙长依旧，裙装的穿法也就有了更多的可能性。

21世纪已经不能用迷你裙或热裤来解释了，如今的T台上下无下装大热，看来设计师也无须再操心裙子长短的问题了。

根据长度分类，裙子可分为微型迷你裙、迷你裙、露膝短裙、及膝短裙、过膝裙、中长裙、长裙、拖脚面长裙，如图1-75～图1-82所示。

图1-75　微型迷你裙

图1-76　迷你裙

图1-77　露膝短裙

图1-78　及膝短裙

图1-79　过膝裙

图1-80　中长裙

图1-81　长裙

图1-82　拖脚面长裙

（四）按裙子形态分类

1. 按文字表示法划分

按文字表示法可分为紧身裙、适身裙、半适身裙、宽松裙等，如图1-83～图1-86所示。

图1-83　紧身裙

图1-84　适身裙

图1-85　半适身裙

图1-86　宽松裙

2. 按字母表示法划分

按字母表示法可分为H型、A型、S型、O型、T型等。

（1）"H"型裙子

顾名思义，即造型像直筒的裙子。"H"型的裙子修饰身形的作用不大，但直线条的款式倒是把脂肪与不协调的比例都掩藏了起来，再加上服装本身一些精巧的构思，"H"型裙在这两年较为流行很受大家欢迎，如图1-87所示。

（2）"A"型裙子

顾名思义，即造型像"A"字母的裙子款式，上紧下松，如图1-88所示。"A"型裙子市场上款式较为丰富，是夏季最清凉的装扮，也是最能散发女性魅力的样式。

（3）"S"型裙子

此类裙子能够起到提臀显瘦彰显、女性具优雅气质的作用，很突显身材，无论是上班还是平常逛街均适宜穿着，如图1-89所示。

（4）"O"型裙子

此类裙子整体裁剪较为宽松，穿着较为舒适，装饰性较强，较为时尚，如图1-90所示。

（5）"T"型裙子

顾名思义，其外部造型呈上宽下窄状，如图1-91所示。

图1-87 H型裙　　　图1-88 A型裙　　　图1-89 S型裙　　　图1-90 O型裙　　　图1-91 T型裙

（五）按裙子内部结构分类

按裙子的内部结构分可分为省道裙、褶裙、分割裙和组合裙。

1. 省道裙

省道裙又可分为垂线省裙、横向水平线省裙、斜线省裙、曲线省裙等，如图1-92～图1-95所示。

图1-92 垂线省裙　　　图1-93 横向水平线省裙　　　图1-94 斜线省裙　　　图1-95 曲线省裙

2. 褶裥裙

褶裥裙主要有规律褶裙、无规律褶裙两种。

规律褶裙可分为对褶裙、两侧褶裙，如图1-96所示。

无规律褶裙可分为自然褶塔克裙、自然褶蓬松裙等，如图1-97所示。

对褶裙

两侧褶裙

图1-96　规律褶裙

自然褶塔克裙

自然褶蓬松裙

图1-97　无规律活褶

3. 分割裙

分割裙可分为横向分割裙、竖向分割裙、曲线分割裙，如图1-98所示。

横向分割裙又称为育克裙，如图1-99所示。

竖向分割线裙可分为四片分割裙、六片分割裙、八片分割裙等，如图1-100所示。

曲线分割裙如图1-101所示。

横向分割裙

竖向分割裙

曲线分割裙

图1-98　分割裙

图1-99　育克裙

四片裙

六片裙

八片裙

图1-100　直线分割裙

图1-101　曲线分割裙

4. 组合裙

组合裙的主要组合形式有育克自然褶组合裙、分割线自然缝褶组合裙、竖向分割拼接组合裙、竖向分割暗褶鱼尾组合裙等，如图1-102～图1-105所示。

图1-102　育克自然褶
组合裙

图1-103　分割线自然
缝褶组合裙

图1-104　竖向分割拼
接组合裙

图1-105　竖向分割暗
褶鱼尾组合裙

（六）按着装场合分类

1. 正装裙

正装裙是指在出席正式场合所搭配穿着的服装。生活中常见的正装裙有西服裙、直筒裙、小A型裙，如图1-106～图1-108所示。

正面　　　　　　　背面

图1-106　西服裙　　　　　　　图1-107　直筒裙　　　　　　图1-108　小A形裙

2. 休闲裙

休闲裙是指在出席非正式场合所搭配穿着的服装，如图1-109所示。

图1-109　休闲裙

二、裙子的实用搭配方法

穿裙子是一门艺术，穿裙子要讲究一定的技巧。不是每个女性穿上裙子都能成为一道亮丽的风景线，裙子的式样千变万化，令人眼花缭乱。近年来裙子推陈出新的速度超乎我们的想象，所以女人三天两天换裙子是常事。不过万变不离其宗，裙子的变化在一个方向是基本一致的，那就是越来越短，这也是社会越来越开放的表现。裙子是一种最能体现女人味的服装单品，被公认为是"服装中的皇后"。裙子的种类繁多且款式丰富，在色彩运用、风格特征、体型调整等搭配因素中有着相对稳定的准则。

1. 裙子的色彩

裙子的色彩运用应遵循一定的搭配原则，体现服饰和谐美的整体效果。在色相的选择上要依据服饰的整体冷暖色调来选择裙子的色彩，其色彩的选择要与其他服饰单品的色彩相呼应，避免超过三种以上的大面积色相同时，而出现在一套服饰中。在明度的选择上，裙子的明度越高，色彩效果越浅淡明亮，较为适合偏年轻女性，体现形体轻盈的视觉效果，也适合春夏季节特征。裙子的明度越低，色彩越深暗沉稳，是职业女性和成熟女性喜用的色彩，具有收缩形体面积的视觉效果，这种明度较低的色彩常在秋冬季选用。在色彩纯度的选择上，裙子色彩的纯度越高，色彩的个性表现程度也越突出，着装整体效果对比度强烈，适合喜欢张扬个性的女性。裙子的色彩纯度越低，着装整体效果对比相对较弱，适合质朴且低调雅致的女性。

2. 裙子的长度

从裙子长度来说，裙子长度越短，其风格表现越年轻活泼，裙子长度越长，其风格表现越成熟稳重，如图1-110～图1-115所示。

3. 裙子的造型

从裙子的整体造型来说，直裙结构如西服裙、筒型裙、一步裙等造型以端庄优雅为主要风格表现。斜裙结构如喇叭裙、波浪裙、圆桌裙等造型以动感浪漫为主要风格表现。节裙结构形式多样，直接式节裙和层叠式节裙的设计倾向以表现华丽妩媚为主要风格表现。A型群以上窄下宽的造型体现着活泼潇洒的造型风格，更是裙子中应用最多的造型结构。

4. 裙子对身材的调整性

就形体调整方面而言，身材矮小且丰满的女性，应选择款式简洁且材质薄厚相对适中的裙子。而身材矮小且苗条的女性应注意裙子的长度，避免穿着款式太长的裙子，可以通过短款合体的直筒裙或A型裙修饰腿部的长度。对于腹部突出的女性而言，避免选择紧身裙子而夸张腹部线条，穿着宽松款式的裙子会掩盖突出的腹部，使腹部突出的缺点有所缓和。对于下半身腿粗的女性而言，运用中长或长至小腿最粗处1～2cm的裙子能够对腿粗的缺点略有缓和。

图1-110　年轻活泼风格的裙子

图1-111　成熟稳重风格的裙子

图1-112　端庄优雅风格的裙子

图1-113　动感浪漫风格的裙子

图1-114　华丽妩媚风格的裙子

图1-115　活泼潇洒风格的裙子

5. 典型裙子的搭配原则

西服裙是职业装中的主流裙子，属于合体的直筒裙结构，材质薄厚选择较为适中，裙子多为无彩色系，用于职场及较为正式的场合，常与衬衫类上装搭配，体现出女性知性优雅的气质，如图1-116所示。

　　A字裙是裙子中最常用的类型，A字短裙常与小圆领高腰上装搭配，体现青春活泼的年轻印象，如图1-117所示。

　　A字长裙常与V领紧身上衣搭配，体现稳重感性的成熟印象，如图1-118所示。

　　喇叭裙属于宽松的斜裙结构，款式造型流畅自然，常用于休闲场合。款式简洁且色彩单一的微喇裙可以搭配较为有设计感的上装，带有图案的喇叭裙应与素色上装搭配，以免出现花乱的服饰印象，如图1-119所示。

　　波西米亚长裙多为节裙结构，材质选择较为轻薄，用色明度偏高，纯度偏低。常与吊带背心或针织开衫搭配，体现异域田园休闲风格，如图1-120所示。

　　迷你裙是时尚的代名词，常与鞋跟较低且长度过膝的靴子搭配，风格明快且个性张扬。上装的搭配较为丰富，搭配紧身类上装突出身体线条的性感，体现出性感俏皮的视觉印象；搭配宽松类上装则显示出青春的活力，如图1-121所示。

图1-116　西服裙搭配　　　　图1-117　短A裙搭配　　　　图1-118　长A裙搭配

图1-119　喇叭裙搭配　　　　图1-120　波西米亚长裙搭配　　　图1-121　迷你裙搭配

第二章 裙子面料与辅料

了解裙子材料

裙子是由款式、色彩和材料三个要素组成的。

裙子的材料是指构成服装的一切材料，它可分为服装面料和服装辅料。

服装面料——做裙子怎么选择适合的面料呢？

服装辅料——制作裙子的必备材料，如拉链、松紧带等

第一节　裁剪裙子需要的面料

一、常用不同裙型面、辅料的选择

（一）春夏季常用面料

春夏季裙料多采用轻薄、柔软、滑爽、透气性强、悬垂性较好的面料为主。

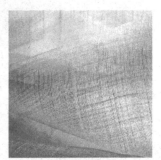

图2-1　乔其纱　　　　图2-2　雪纺　　　　图2-3　凡立丁　　　　图2-4　夏布

1. 乔其纱

乔其纱垂感强、滑爽、薄透。可用来制作夏天的裙子、时尚休闲裤子，如图2-1所示。

2. 雪纺

高档雪纺布既有雪纺布特性又有麻布优点。可用来制作夏天的裙子、时尚裤、阔腿裤，如图2-2所示。

3. 凡立丁

凡立丁又名薄毛呢，是精纺呢绒中质地较轻薄的品种之一。其平纹组织有素色、条格及隐条格之分。呢面经直纬平，色泽鲜艳匀净，光泽自然柔和，手感滑、挺、爽，活络富有弹性，具有抗皱性，纱线条干均匀，透气性能好。适于制作各类夏季套装、套裙、男女西装等，如图2-3所示。

4. 夏布

夏布又称生布、麻布，是以苎麻为原料编织而成的麻布，织物颜色洁白，光泽柔和，穿着时有清汗离体、挺括凉爽的特点，有独特的质朴感。可作高档的服装、衬衫、薄裙、裤装等，如图2-4所示。

（二）秋冬季常用面料

秋冬季常用面料多选用防皱耐磨、轻盈保暖、悬垂挺括、质地厚实的毛呢、毛涤混纺的面料，如华达呢、颗粒绒、薄花呢、麦尔登、法兰绒等。

1. 哔叽

哔叽是精纺呢绒的传统品种，双面斜纹织物。斜面纹路明显，纹道较粗，多数为匹染，以藏青色最为普遍。另有光面和毛面之分，面料色光柔和，手感丰厚，身骨弹性好，坚牢耐穿。男女西装、休闲装、套裙，如图2-5所示。

2. 格子毛呢

格子毛呢是一种短毛毛呢。适合做英伦风格的秋冬裙装，如图2-6所示。

3. 麦尔登

麦尔登是一种粗纺毛织物，手感丰满，呢面细洁平整，身骨挺实、富有弹性、耐磨不易起球，色泽柔和美观。适合做西裤、连衣裙，如图2-7所示。

4. 法兰绒

法兰绒色泽素净大方，有浅灰、中灰、深灰之分，法兰绒克重高，毛绒比较细腻且密，面料厚，成本高，保暖性好。法兰绒呢面有一层丰满细洁的绒毛覆盖，不露织纹，手感柔软平整，身骨比麦尔登呢稍薄。经缩绒、起毛整理，手感丰满，绒面细腻。适合做秋冬穿的包臀裙、春秋男女衬衣和西裤，如图2-8所示。

图2-5　哔叽　　　　　图2-6　格子毛呢　　　　　图2-7　麦尔登　　　　　图2-8　法兰绒

二、流行的裙子面料

如今市面上流行的裙子面料种类越来越丰富，面料的丰富能够促使服装款式多样化，因此这也极大地促进了女性朋友们的购买欲望。

合理选择面料，见表2-1。

表2-1　近年来春夏、秋冬流行的面料简介

季节	面料名称	面料实物	面料性能	适用范围
春夏季流行面料	桑蚕丝面料		天然的动物蛋白质纤维布料，光滑柔软，富光泽，有冬暖夏凉感，摩擦时有独特的"丝鸣"现象，有很好的延伸性，较好的耐热性，不耐盐水浸蚀，不宜用含氯漂白剂或洗涤剂处理	昂贵时尚装、休闲装

续表

季节	面料名称	面料实物	面料性能	适用范围
春夏季流行面料	绉布面料		表面具有纵向均匀皱纹的薄型平纹棉织物，又称绉纱。绉布手感挺爽、柔软，纬向具有较好的弹性。质地轻薄，易染色，有漂白、素色、印花、色织等多种	宜作各式衬衣、裙子、睡衣裤、浴衣等，也可作窗帘、台布等装饰品
	欧根纱面料		又称"欧亘纱"，是质地透明或半透明的轻纱，多覆盖于缎布或丝绸（Silk）上面。染色后颜色鲜艳，质地轻盈，与真丝产品相似，欧根纱很硬	主要是婚纱裙面料，时尚裙装也常用，用于蓬蓬裙等
	网纱面料		网纱面料是现今非常流行的面料。用这种面料做出来的裙子穿上之后会感觉清馨凉爽，并且网纱半透的质感，给人朦胧的心里幻想	夏季休闲裙
秋冬季流行面料	羊毛混纺面料		面料仍然偏向于含蓄而正统的蓝、灰等深色面料，以高比例羊毛混纺面料为主，略带暗纹。厚实耐磨、柔软舒适、吸湿透气	适宜西服裙、职业裙子
	弹力蕾丝针织面料		弹力、蕾丝花纹	打底裙、裤
	空气层面料		"轻、软、挺、美、牢"等许多优点，它是一种超轻、超薄、高效保温材料，在防寒、保温、抗热等性能方面远远超过传统的棉、毛、羽绒、裘皮、丝绵等材料，透气性、舒适性也较膨松棉为优	立体感强的时尚裙装，比如蓬蓬裙、半身裙、喇叭裙
	薄花呢面料		平绒布一种，质地轻薄、手感滑爽、穿着舒适、挺括、吸湿好、透气好	可用于制作春秋制服

第二节　裁剪裙子需要的辅料

一、里料

里料是指用于部分或全部覆盖服装里面的材料。裙子里料使用多为大部分覆盖，如裙摆较大裙型里料在下摆围度上满足人体步距需求；长度上在膝围线附近即可。

（一）里料的作用

（1）具有良好的保形性，能够使服装更加挺括平整，从而达到最佳设计造型效果。
（2）能够对服装面料起到保护、清洁作用，从而提高服装的耐穿性。
（3）能够增加服装保暖性能。服装里料可加厚服装，提高服装对人体的保暖、御寒作用。
（4）能够使服装顺滑且穿脱方便。
根据不同的裙装形态会选用不同的里料种类与之相配，具体如下。
① 丝绸类：如塔夫绸、花软缎、电力纺等。
② 化纤类：如美丽绸、聚酯纤维等。
③ 混纺交织类：如羽纱、棉/涤混纺里布等。
④ 毛皮及毛织品类：各种毛皮及毛织物等。

（二）常用里料简介

1. 聚酯纤维里料

耐皱性、弹性和尺寸稳定性好，有良好的耐日光、耐摩擦性，不霉不蛀，有较好的耐化学试剂性能，能耐弱酸及弱碱。适合作高档裙装、大衣、短外套、斗篷等的衬里，如图2-9所示。

2. 醋酯纤维里料

色彩鲜艳，外观明亮，触摸柔滑、舒适，光泽、性能均接近桑蚕丝。与棉、麻等天然织物相比，醋酯面料的吸湿透气性、回弹性更好，不起静电和毛球，贴肤舒适。醋酯面料也可用来代替天然真丝绸，制作各种高档品牌时装里料，如风衣、皮衣、礼服、旗袍、婚纱、唐装、冬裙等，如图2-10所示。

3. 电力纺里料

电力纺是类桑蚕织物，以平纹组织制织。电力纺织物质地紧密细洁，手感柔挺，光泽柔和，穿着滑爽舒适。用于秋冬裙装里料、上衣里料等，如图2-11所示。

4. 丝绵里料

孔隙多、吸湿透气、柔软舒适悬垂挺括、视觉高贵、触觉柔美、特轻，柔软及坚牢度特高，防静电整理。超低缩水率，可常用洗衣机清洗且不易变形。用于夏季裙装里料，如图2-12所示。

图2-9　聚酯纤维里料　　　图2-10　醋酯纤维里料　　　图2-11　电力纺里料　　　图2-12　丝绵里料

二、衬料

服装衬料即衬布，是附在面料和里料之间的材料，它是服装的骨骼，起着衬垫和支撑的作用，从而保证服装的造型美，而且适应体型、身材，可增加服装的合体性。它还可以掩盖体型的缺陷，对人体起到修饰作用。裙子在选用衬料时需要考虑透气性，衬料往往选用薄布衬或薄纸衬，防止裙片出现拉长、下垂等变形现象。比较常用的衬料有马尾衬、树脂衬、纸衬、针织热熔黏合衬、真丝衬、黑炭衬等。

1. 双面黏合衬

通常用它来粘连固定两片布，如在贴布时可用它将贴布黏在背景布上，操作十分方便。市场上还有整卷带状的双面黏合衬，这种黏合衬在折边或者滚边时十分有用。用于腰衬、裤口、裙摆，如图2-13所示。

2. 树脂衬

成品做好后水洗不会有中空气泡，硬挺，有韧性不脱胶，能与布料完美贴合。用于腰衬，如图2-14所示。

3. 纸衬

纸衬采用优质涤纶精心加工而成，轻薄，柔软，自然垂感好，亲肤感觉好，色泽柔和，不易起皱，是时髦女性所追求的时尚面料。纸衬用于服装的门里襟、袖口、下摆、衣领、脚口等处的褶边，也用于光滑接缝、腰带、绑带、垫肩固定等，如图2-15所示。

4. 布衬

布衬是一种以针织布或梭织布为基布，再经过上热熔胶涂层加工而成。布衬的特点是拉力强、弹性好、耐洗耐用。多用于门襟、领子、裤腰等部位，如图2-16所示。

图2-13 双面黏合衬　　　图2-14 树脂衬　　　图2-15 纸衬　　　图2-16 布衬

三、其他辅料

（一）拉链

拉链是依靠连续排列的链牙，使物品并合或分离的连接件，现大量用于服装、包袋、帐篷等。普通拉链与隐形拉链用于后中心与侧缝处，一般长50～60cm。

生活中常见的拉链有尼龙拉链、金属拉链、隐形拉链、树脂拉链。

1. 尼龙拉链

尼龙拉链牙齿是用尼龙单丝通过加热压模缠绕中心线组成的。相比金属拉链、树脂拉链，尼龙拉链有成本低、产量大、普及率高的特点。用在运动服、鞋、被褥、箱包、帐篷上以及裙子部位的装饰，如图2-17所示。

2. 金属拉链

拉链的链牙材质为金属材料，包括铝质、铜质（黄铜、白铜、古铜、红铜等）等。金属拉链的牙链结实、耐用，一般用于裙子开合的同时也是一种装饰，用于直筒裙、紧身裙等，是水洗裤和牛仔裤采用的拉链，如图2-18所示。

3. 隐形拉链

链隐形拉链牙由单丝围绕中芯线成型呈螺旋状，缝合在布带上将布带内摺外翻，经拉头拉合后，正面看不到链牙的拉链，是裙子常用的拉链，如图2-19所示。

4. 树脂拉链

链牙由聚甲醛通过注塑成型工艺固定在布带带筋上的拉链。是裙子和裤子常用的拉链，如图2-20所示。

图2-17　尼龙拉链　　　　图2-18　金属拉链　　　　图2-19　隐形拉链　　　　图2-20　树脂拉链

（二）纽扣、挂钩

按扣、两眼扣、四眼扣、裤钩、搭钩等，如图2-21～图2-24所示。

图2-21　塑料按扣　　　　　　　　　　　　图2-22　两眼扣、四眼扣

图2-23　裤钩　　　　　　　　　　　　　图2-24　搭钩

其他常见辅料如花边、松紧带、蕾丝、珠片等，如图2-25～图2-28所示。

图2-25 蕾丝花边

图2-26 松紧带

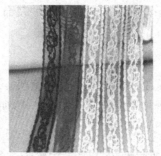

图2-27 蕾丝

图2-28 珠片

人体数据很重要

要想做出合体、舒适、好看的服装来，就要测量着装人的身体尺寸，取得科学的数值是做出完美裙型的前提。

人体测量是制作服装必不可少的准备工作。

你知道在购买服装时自己该买什么号型的服装吗？

第一节　测量工具及方法

一、测量工具

（一）软尺

常用的测量工具为软尺，软尺是一种质地柔软的尺子，一般由伸缩性小的玻璃纤维制成。主要用于测量人体尺寸和裁片的长度。其两侧分别印有公制和英制或其他计量单位的刻度，长度一般为150cm，如图3-1所示。

（二）笔

常用的记录工具是普通签字笔和铅笔，如图3-2所示。

（三）尺寸记录单

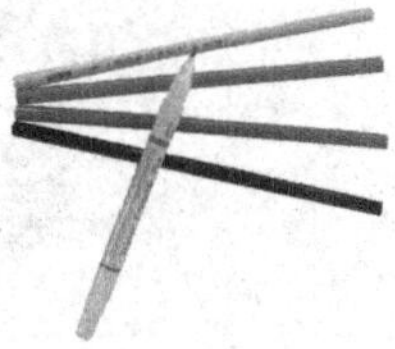

准备一张白纸，并写出即将需要测量的部位，见表3-1。

图3-1　软尺　　　　图3-2　笔

表3-1　尺寸记录单

序号	部位	标准测量数据
1	裙长	
2	腰围	
3	臀围	
4		
5		

二、测量要求

在测量时要准确观察被测量人的体型特点并记录说明，以便在制板时注意处理。目前，大部分情况下人体测量采用的是手工测量，测量时选取内限尺寸定点测量，因此在测量时应最大限度地减少误差，提高精确度。在工业服装结构设计和工艺要求中，需要的是几个具有代表性的尺寸，其他细部结构均由标准化人体数据按照比例公式推算获得，使得工业化成衣生产更规范化、理想化。详细了解并掌握各个部位尺寸的量取方法及要领对服装结构设计者来说非常重要。

（一）对被测量者的要求

进行人体测量时，被测体一般取直立或静坐两种姿势。直立时，两腿要并拢，两脚成60°分开，全身自然伸直，双肩不要用力，头放正，双眼正视前方，呼吸均匀，两臂自然下垂贴于身体两侧。静坐时，上身自然伸直与椅面垂直，小腿与地面垂直，上肢自然弯曲，两手平放在大腿面上。要求被测量人身着对体型无修正作用的适体内衣，也可根据着装需求穿着对体形有修正作用的紧身内衣。

（二）对测量者的要求

测量者要掌握服装及人体结构知识，熟悉人体各部位的静态与动态变化规律。在量体中，首先在人体上正确地选择与服装密切相关的测体基本点（线）作为人体测量基点，这样有利于测量者掌握并使测量数据具有相对的准确性。

测量者应仔细地观察被测量者的体型特征。在测体时，要有条不紊、迅速正确地测量，还要观察出体型的特征。可从人的正面、侧面和背面三方面观察，对特殊体型部位应增加测体内容，并注意做好记录，以便在服装规格及结构制图中进行相应的调整。

如果不得已必须在衬衫或连衣裙的外面测量，要估算出它的余量再进行测量。

（三）对尺寸测量的要求

测量时选用净尺寸（也称为内限尺寸），是确立人体基本模型的参数。为了使净尺寸测量准确，被测者要穿适体内衣。适体内衣是指对人体无任何矫正状态的内着装。净尺寸的另一种解释叫内限尺寸，即各尺寸的最小极限或基本尺寸，如胸围、腰围、臀围等围度测量都不加松量。袖长、裤长等长度原则上并非指实际成衣的长度，而是这些长度的基本尺寸，设计者可以依据内限尺寸进行设计（或加或减）。这种测量的规定，无疑给设计者提供了非常广阔的创作天地，同时也不失其基本要求。

三、测量方法

要想做出合体、舒适、好看的服装来，就要测量着装人的身体尺寸，取得数值是做出形状的前提。人体尺寸测量的方法有很多，下面介绍服装结构设计中最常用的测量方法——沿体表测量。这种测量方法简单实用，不需要复杂的机器设备辅助，随时随地都可以实施，但是这种测量方法仅仅能够判断人体的高矮、大致的胖瘦等简单的人体特性，对人体体表的局部细致特征，如人体的厚度、胸凸、腹凸、臀凸的大小，肩斜角度等无能为力，属于简单的一维测量范畴。直量时，软尺要垂直测量。在测量围度时，皮尺不宜拉得过紧或过松，以软尺呈水平状并能插入两个手指为宜；左手持软尺的零起点一端贴紧测点，右手持软尺水平绕测位一周，记下读数，其软尺在测位贴紧时，其状态既不脱落，也不使被测者有明显扎紧的感觉为最佳。长度测量、围度测量一般随人体起伏，并通过中间定位的测点进行测量。

量体的顺序一般是先横后竖，由上而下。测量时养成按顺序进行的习惯，这是有效地避免一时疏忽而产生遗漏现象的好方法，同时，还要及时清楚地做好记录。

第二节　人体简介

人体所需测量的关键部位，是以骨骼的测量为基础而决定的测量点。这些测量点也可以直接应用到衣服构成中的。

长度测量是指测量两个被测点之间的距离。

围度测量是指经过某一被测点绕体一周的长度。

人体测量项目是由测量目的决定的。测量目的不同，所需要测量的项目也有所不同。根据服装结构设计的需要，进行人体测量的主要项目大体如以下所示。

一、长度方向测量

1. 下体长

从胯骨最高处，量至脚跟平齐的距离，如图3-3所示。

2. 腰长

从腰节线往下量至臀围线的长度，如图3-4所示。

3. 腰高

从腰节线往下量至脚跟底部的长度，如图3-5所示。

4. 膝长

从腰节线往下量至膝盖骨下端的长度，如图3-6所示。

5. 裙长

这是指基本的裙长，是以膝长为依据设定的，如图3-7所示。

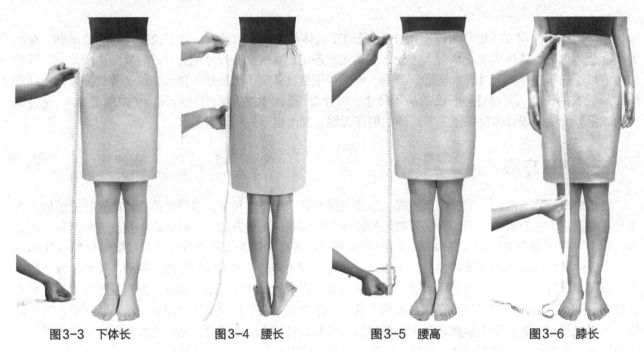

图3-3　下体长　　　　图3-4　腰长　　　　图3-5　腰高　　　　图3-6　膝长

二、围度方向测量

1. 腰围

在腰部最细处用皮尺水平围成一周测量，如图3-8所示。

2. 腹围

在腹部（腰与臀的中间）用皮尺水平围成一周测量，如图3-9所示。

3. 臀围

在臀部最丰满处用皮尺水平围成一周测量，如图3-10所示。

三、裁剪裙子所需的参考尺寸

（一）我国标准女性常用部位数据

我国标准女性常用部位数据参考，见表3-2。

表3-2　女性人体部位测量　　　　　　　　　　　　　　　　单位：cm

维度	序号	部位	标准测量数据	序号	部位	标准测量数据
长度	1	下体长	92	4	膝长	58
	2	腰长	20	5	裙长	50（不含腰宽）
	3	腰高	98			
围度	1	腰围	68	3	臀围	90
	2	腹围	85			

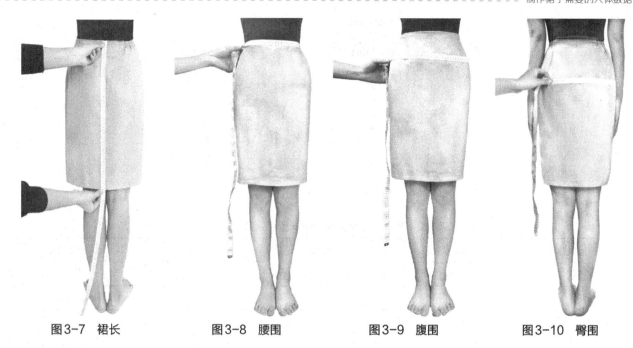

| 图3-7 裙长 | 图3-8 腰围 | 图3-9 腹围 | 图3-10 臀围 |

（二）日本 JIS 人体标准参考数据

JIS（日本工业标准）由日本工业标准调查会组织制定和审议，也可以表示一种函数。日本工业标准（JIS）是日本国家级标准中最重要、最权威的标准。由日本工业标准调查会（JISC）制定，分类共19项。截至2007年2月7日，共有现行JIS标准10124个。从1992年6月起至1993年8月，日本人类生活工业研究中心在日本全国调查收集了33600人的人体数据，作为通产省修订JIS标准的基础资料。通常在服装单件定做时需要考虑个体的人体测量尺寸，同样在成衣生产中也需要参照日本工业规格（JIS）中的服装号型规格。

这里以160/68A为依据列出女装标准人体参考尺寸，见表3-3。

表3-3 JIS人体标准参考数据   单位：cm

身高	156												164				
胸围	76			均值	82			均值	92			均值	76	82			均值
臀围	84.6	85.1	85.6	85.1	88.2	88.8	89.2	88.7	94.2	94.9	95.2	94.8	86.3	91.0	89.9	90.5	90.5
腰围	59.0	59.7	59.8	59.5	63.2	64.9	65.2	64.4	70.2	73.6	74.3	72.7	59.0	63.3	63.2	64.6	63.7
会阴点高	70.3	69.5	69.6	69.8	70.0	69.2	69.3	69.5	69.6	68.7	68.9	69.1	75.0	75.9	74.7	73.5	74.7
膝点高	39.0	38.8	39.0	38.9	39.1	38.8	39.0	39.0	39.1	38.9	39.0	39.0	41.4	42.0	41.4	41.2	41.5
小腿最大围高	28.6	28.3	28.6	28.5	28.7	28.4	28.7	28.6	28.9	28.5	28.9	28.8	30.5	30.9	30.6	30.0	30.5
踝点高	6.1	6.1	6.2	6.1	6.0	6.1	6.2	6.1	6.0	6.1	6.2	6.1	6.4	6.3	6.3	6.4	6.3
腹围	75.9	76.6	77.6	76.7	80.9	81.6	82.9	81.8	88.7	89.7	91.2	89.9	75.9	79.7	80.8	81.6	80.7
大腿最大围	49.6	49.2	48.7	49.2	52.5	51.7	51.0	51.7	57.0	55.6	54.3	55.6	49.2	52.5	52.1	52.1	52.2
小腿最大围	32.8	32.3	32.0	32.4	34.5	33.8	33.4	33.9	37.1	36.1	35.4	36.2	32.8	34.7	34.5	33.9	34.4
腰线～座面	27.2	27.4	27.4	27.3	27.6	27.7	27.7	27.7	28.0	28.1	28.1	28.1	28.4	28.8	28.8	28.8	28.8

四、如何看懂服装"型号（尺码）"

在买衣服的时候经常看见衣服或者吊牌上会标明"S或M或L或XL"，如图3-11所示，"160/68A""26，27，28"等字样。这些特指服装的大小号码。常用吊牌规格尺寸的换算，见表3-4。

图3-11 最初尺码的识别

表3-4 常用尺码的识别与换算

英文缩写型号	S（小号）Small		M（中号）Middle		L（大号）Large		XL（加大号）	
英寸型号	25	26	27	28	29	30	31	32
美国型号	4 ~ 6		8 ~ 10		12 ~ 14		16 ~ 18	
欧洲型号	34 ~ 36		38 ~ 40		42		44	
中国型号（上装）	155/80A		160/84A		165/88A		170/92A	
中国型号（下装）	155/64A		160/68A		165/72A		170/76A	
对应腰围 cm	62	64	67	69	72	74	77	79
对应腰围 市尺	1.8	1.9	2.0	2.1	2.2	2.3	2.4	2.5
对应臀围/cm	85	87.5	90	92.5	95	97.5	100	102.5

注：1m=100cm；1m=3市尺（市尺=尺）；1市尺≈33.3cm；1寸≈3.3cm；1英寸≈2.54cm。

（一）号型简介

我国识别服装尺码用"号型"。我国服装号型标准是在人体测量的基础上根据服装生产需要制定的一套人体尺寸系统，是服装生产和技术研究的依据，包括成年男子标准、成年女子标准和儿童标准三部分。现行《服装号型成年女子》国家标准于2009年8月1日实施，其代号为GB/T 1335.2—2008。

服装号型国家标准的实施对服装企业组织生产、加强管理、提高服装质量，对服装经营提高服务质量，对广大消费者选购成衣等都有很大的帮助。

1. 号型意义

号是特指人体的身高，以厘米为单位表示，是设计和选购服装长短的依据。

型是特指人体的上体胸围和下体腰围，以"厘米"为单位表示，是设计和选购服装肥瘦的依据。

2. 号型的表示方法

上下装应分别标时号型。号型表示方法是在号与型之间用斜线分开，后接体型分类代号。如上装160/84A，其中160代表号，84代表型（表示净体胸围及腰围），A代表体型分类，如图3-12、如图3-13所示。

图3-12 我国尺码的识别

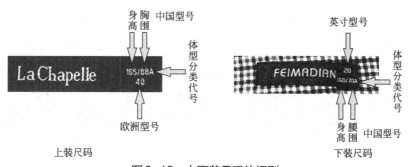

图3-13　上下装尺码的识别

（二）我国女性体型分类（Y、A、B、C）

我国女性体型通常以人体的胸围和腰围的差数为依据来划分人体体型，并将体型分为四类，分类代号分别为Y、A、B、C，见表3-5。

表3-5　体型分类代号及数值　　　　　　　　　　　　单位：cm

体型分类代号	胸围与腰围的差值
Y（偏瘦体）	19～24
A（正常体）	14～18
B（偏胖体）	9～13
C（肥胖体）	4～8

消费者只要记住自己的身高、胸围及腰围差值，就可以知道自己属于哪种体型，就能解决购买合适服装的实际问题。

第四章

裙子裁剪方法

裁剪裙子的基本知识

裙子分前片、后片、腰部等，这些都叫裙子的"裁片"，它们又是怎么组成的呢？

在纸上绘制裙子衣片叫"打板"。

打板纸样要有一些基本的工具和制图符号。

这一章我们还要学习两个很重要的知识，即"臀围与腰围的差量""裙长与步距的控制"。

裙子裁剪纸样

一、人与纸样的对应关系

当看见一条裙子的时候，我们很容易分别出来前后片、腰头、下摆等许多部位，这些在将来的裁剪图上都有一一对应关系。

在初步裁剪裙子纸样时，先将人体下肢体态简单归纳为单存的立体圆柱造型，再把面料外包在假设人体下肢上，由此在纸样上得到平面展开形式，横向为围度，纵向为高度，图4-1是将实际人体穿着后与平面服装的裁剪图的对应进行说明。

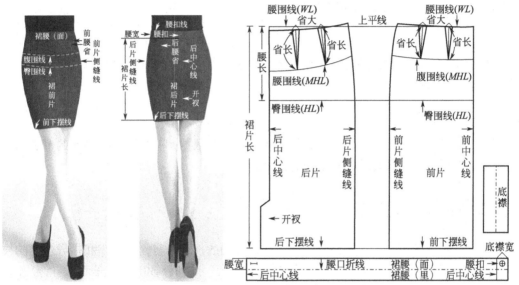

图4-1　裙子各部位结构名称

裙型的结构设计要符合人体，一般采用基本裁剪的方法有两种，第一种是省道处理的方法；第二种是切展处理的方法，如图4-2所示。

图4-2　两种裙型结构设计方法示意图

二、纸样各部位名称及作用

（一）腰口线

腰口线根据人体腰部命名，依据人体形态后腰稍低，构成前、后腰围线结构的不同的特点。

（二）臀围线

臀围线是平行于腰口的辅助线并以臀部最高点取值的水平线即为臀围线。臀围线除确定臀围位置外，

还控制臀围和松量的大小。

（三）裙长线

裙长线是控制整个裙子长短的基本线，当臀围相同的情况下，裙子过长会影响人体行走时的正常步距，因此通常采取开衩的办法进行相应的结构处理，因此裙子长短的变化与裙摆的围度有密切关联。

（四）前下摆线和后下摆线

前、后下摆线是以裙片长取值的水平线，其大小直接影响裙子廓型。

（五）前中心线和后中心线

前、后中心线位于人体前、后中心线上，是指前、后腰节点至前、后下摆线的结构线。

（六）前侧缝线和后侧缝线

前、后侧缝线位于前、后裙片外侧的结构线。

（七）开衩

裙开衩是当裙子前、后下摆线的尺度满足不了人体步距需求所要设计的加长量，开衩的位置通常在后中心线上或侧缝上，也可以根据款式需求设计在其他位置。

（八）前省位线和后省位线

省线一般位于腰口线上，其量的大小、数量的多少，主要依据裤子裙型和臀腰差的多少而定，依据人体形态腹高臀低，构成前、后腰省长度的不同的特点。

三、纸样制图的方法

服装制图是传达设计意图、沟通设计、生产、管理部门的技术语言，是组织和指导生产的技术文件之一。结构制图作为服装制图的组成，它对于标准样板的制定、系列样板的缩放是起指导作用的技术语言。结构制图的规则和符号都有严格的规定，可保证制图格式的统一、规范。

制图的过程要有一定的前后顺序，主要应遵循以下方法。

1. 先基础，再分段

对于具体的裁片来说先作基础线，后作轮廓线和内部结构线。任何服装的结构设计，都要先画出纸样最长和最宽的基础线，根据效果图上的款式要求，在长度方向、宽度方向分别计算关键部位的尺寸，然后在基础线的范围内绘制结构图。

2. 先横向，后纵向

在作基础线时一般是先横后纵，即先定长度、后定宽度，由上而下、由左而右进行。画好基础线后，根据轮廓线的绘制要求，在有关部位标出若干工艺点，最后用直线、曲线和光滑的弧线准确地连接各部位定点和工艺点，画出轮廓线。

3. 先主要，再次要

在制图时，先画主要的、明显的部位，再画次要的、边缘的部位，以保证各纸样尺寸的协调。

4. 先大片，后部件

结构制图的程序一般是先作大片，后作小片及部件。纸样的绘制首先是画出大片纸样，在确保主要纸样正确的前提下，才能绘制小部件的纸样。

5. 先净样，再毛样

根据纸样的规格尺寸，画准、画好纸样的净样轮廓线，然后依据缝制工艺再加画缝份线或折边线，使净纸样变成毛纸样，才可用作排料画样的裁剪纸样。

结构制图时的尺寸一般使用的是服装成品规格，即各主要部位的实际尺寸。

在制图中，根据使用场合需要作毛缝制图、净缝制图、放大制图、缩小制图等。缩小制图时，必须在有关重要部位的尺寸界线之间，用注寸线和尺寸表达式或实际尺寸来表达该部位的尺寸。

净缝制图是按照服装成品的尺寸制图，图样中不包括缝头和贴边。按图形剪切样板和裁片时，必须另加缝头和贴边宽度。

毛缝制图是指在制图时将衣片的外形轮廓线包含缝头和贴边，剪切裁片和制作样板时不需要另加缝头和贴边。

四、纸样制图的部位代号

女装裙子制图主要部位代号见表4-1。

表4-1　女装裙子制图主要部位代号

序号	部位名称	代号	英文名称	序号	部位名称	代号	英文名称
1	腰围	W	Waist	2	臀围	H	Hip
3	腰围线	WL	Waist Line	4	臀围线	HL	Hip line
5	前中心线	FCL	Front Center line	6	膝盖线	KL	Knee Line
7	裙长	SL	Skirt Length	8	后中心线	BCL	Back Center Line
9	股上长	CL	Crotch Length				

第二节　绘制裙子纸样的工具、制图符号

一、制作裙子需要的工具

在服装结构设计纸样绘制中，若用文字说明缺乏准确性和规范性，容易造成误解。纸样符号主要用于服装的工业化生产，它不同于单件制作，而必须是在一定批量的要求下完成，因此，需要确定纸样绘制符号的通用性以指导生产，检验产品。另外，就纸样设计本身的方便和识图的需要也必须采用专用的符号表示。

工欲善其事，必先利其器
买工具去

（一）制图工具

常用的打板尺有直尺、三角尺、皮尺（软尺）和曲线尺。

1. 直尺

在绘制1∶1的纸样时不应依赖于曲线尺，用直尺依设计者理解及想象的造型完成曲线部分，对初学者来说是很好的方法，这是设计者的基本功，如图4-3所示。

2. 三角尺

三角形尺子，质地为有机玻璃、木质两种，用于绘制垂直相交的线段和校正纸样，如图4-4所示。

3. 曲线板

绘曲线使用薄有机玻璃板，除了通用曲线板以外，还有绘制服装不同部位，如袖窿、袖山、侧缝、裆缝等专用的曲线板，如图4-5所示。

4. 橡皮

橡皮的选择较为广泛，以擦完后不留任何痕迹为上等，其他无特定要求，如图4-6所示。

图4-3　直尺　　　　　　图4-4　三角尺　　　　　　图4-5　曲线板　　　　　　图4-6　橡皮

5. 纸

绘制样板底图的纸种类繁多，市场上较为常用的纸是牛皮纸，如图4-7所示。

6. 绘图笔

（1）铅笔。主要用在绘图上，因此要使用专用的绘图铅笔，常用的号型有2H、H、HB、B和2B。在1∶1绘图时，绘制结构线一般选用HB型或H型铅笔，轮廓线一般选用B型或HB型铅笔，如图4-8所示。

（2）针管笔。用于绘制基础线和轮廓线的自来水笔，特点是墨迹粗细一致，墨量均匀，绘于图纸上，不易擦掉，防晒、防伪，如图4-9所示。

图4-7　纸　　　　　　　图4-8　铅笔　　　　　　图4-9　针管笔

（二）裁剪工具

1. 裁剪台

裁剪台是指服装设计者专用的桌子，不是车间用于裁剪的台子，通常是制板和裁剪单件布料时使用的，即制样衣台面。桌面需平坦，不能有接缝，个人裁剪台大小以长120～140cm，宽90cm为宜，高度应在使用者臀围线以下4cm（一般为75～80cm）。总之，工作台要有能充分容纳一张整开卡片纸（或白板纸）的面积，以使用者能够运用自如为原则。家庭使用可用一般的桌子代替，如图4-10所示。

2. 裁剪剪刀

剪裁纸样或衣料的工具，因为纸张对剪刀刀口有损伤，所以应准备两把，一把专用于剪纸，一把专用于剪布。另外还可准备一把小剪刀用于小部件或缩小比例的绘图，如图4-11所示。

3.纱剪

用于剪缝纫线头，如图4-12所示。

4.拆线器

用于拆缝纫线迹，如图4-13所示。

图4-10 裁剪台

图4-11 裁剪剪刀

图4-12 纱线剪刀

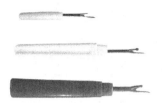
图4-13 拆线器

5.锥子

用于纸样中间的定位，如省位、褶位等，还用于复制纸样，如图4-14所示。

6.顶针

用于手工缝纫，如图4-15所示。

7.圆规

用于较精确的纸样设计和绘制，特别是缩图练习，如图4-16所示。

8.镊子

用于拔去线记号、线迹，闭合整齐无缝、具有弹性为上品，如图4-17所示。

9.梭皮、梭芯

梭芯是卷底线的，梭皮是与梭芯配套的工具，有家用和工业用两种，如图4-18所示。

10.机针

用于缝纫，如图4-19所示。

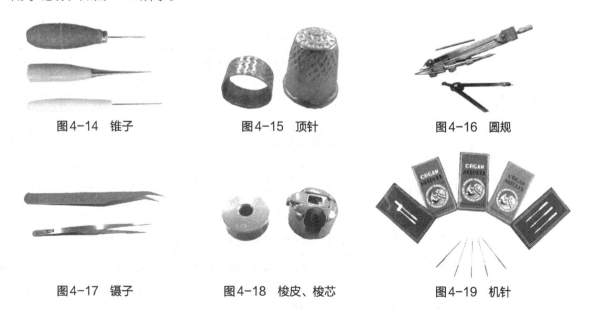

图4-14 锥子　　　　图4-15 顶针　　　　图4-16 圆规

图4-17 镊子　　　　图4-18 梭皮、梭芯　　　　图4-19 机针

二、纸样各部位常用制图符号的识别

纸样符号分为纸样绘制符号和纸样生产符号两类。

（一）纸样绘制符号

纸样绘制符号，是在纸样绘制中所采用的规范性符号，见表4-2。

表4-2　纸样绘制符号

序号	名称	符号	制图符号使用简介
1	制成线		表示该处为最终制成状态
2	辅助线		表示各部位制图的辅助线
3	贴边线		用在面布的内侧，起牢固作用
4	等分线		表示该段距离相等
5	直角符号		表示直角
6	剪切符号		表示在结构制图的过程中需要对该部位进行剪切、扩充、补正
7	整形符号		表示该处需要整合形成完整的裁片
8	重叠符号		表示交叉线所共处的部分为纸样重叠部分
9	省略符号		省略长度的标记
10	相同符号	○●□■◎	表示尺寸大小相同
11	距离线		表示某部位起始点之间的距离

（二）纸样生产符号

成衣工业生产符号，是在纸样绘制中所采用的指导生产的规范性符号，有助于提高产品档次和品质，见表4-3。

表4-3　成衣工业生产符号

名称	符号	说明
对直丝符号（经向号）		也称经向号，表示服装材料布纹经向标志，符号设置应与布纹方向平行。纸样中所标的双箭头符号，要求操作者把纸样中的箭头方向对准布丝的经向排板
顺毛向符号		也称顺向号，表示服装材料表面毛绒顺向的标志，当纸样中标出单箭头符号，表示要求生产者把纸样中的箭头方向与带有毛向材料的毛向相一致。如皮毛、灯芯绒等，该符号同样适用于有花头方向的面料
省符号（埃菲尔省）（钉子省）（宝塔省）（开花省）（弧形省）		省的作用往往是一种合体的处理。省量和省的状态的选择也说明设计者对服装造型的理解，但它在使用量上的设计是造型美的问题
褶裥符号（暗裥）（明裥）		褶比省在功能和形式上更灵活，褶更富有表现力。褶一般有活褶、细褶、十字缝褶、荷叶边褶、暗褶。当把褶从上到下全部车缝起来或者全部熨烫出褶痕，就成为常说的裥，常见的裥有顺裥、相向裥、暗裥、倒裥
缩褶符号	～～	缩褶是通过缩缝完成的，其特点是自然活泼，因此用波浪线表示
对位符号（剪口符号）		也称剪口符号，在工业纸样设计中，对位符号起两个作用，一是确保设计在生产中不走样；二是可缩短生产时间
钻眼符号	⊕	表示剪裁时需要钻眼的位置
眼位符号	├──┤	表示服装中扣眼位置的标记
扣位符号	⊕　+	表示服装钉纽扣位置的标记，交叉线的交点是钉扣位。交叉线带圆圈带表示装饰纽扣，并没有实用价值，仅有交叉线的标记为需锁钉的实用纽扣标记

续表

名称	符号	说明
明线符号	===== - - - - -	明线符号表示的形式也是多种多样的，这是由它的装饰性所决定的。虚线表示明线的线迹，在某种情况下，还需标出明线的单位针数（针/cm）、明线与边缝的间距、双明线或三明线的间距等。实线表示边缝或倒缝线
对格符号	╫	表示相关裁片格纹应一致的标记，符号的纵横线应对应于布纹
对条符号	╪	表示相关裁片条纹应一致的标记，符号的纵横线应对应于布纹
拉链符号		表示服装在该部位缝制拉链位置
橡皮筋符号		也称罗纹符号、松紧带符号，是服装下摆或袖口等部位缝制橡皮筋或罗纹的标记

第三节 裙子臀围与腰围的差量解决

一、"省"的形成

由图4-20所示可知，通常利用这些计测方法所得到的省道平均分配值，再加上皮尺测量所得的数据便可简便地绘制出裙子纸样。

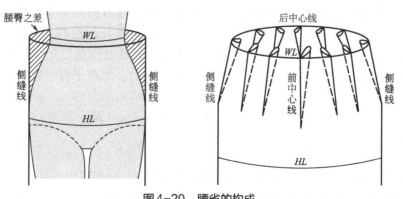

图4-20 腰省的构成

裙片基本上是应用圆柱体展开法就可以将满足以下设定条件的省量作为基本省量。

① 裙立体前、后中心线处的面料纱向为直纱。

② 臀围线为面料的横纱方向。

③ 在立体姿态下，从前面、前侧面、侧面、后侧面、后面及其中间的位置等方向，将视线朝向腰部及腰部体表曲面曲率中心进行观察，省道应是垂直的。另外，在这些位置上，两个省道之间的面料经向也应是垂直的。

展开图上的腰线不一定是完全水平的状态，也就是说，即使立体形态上的臀围线和腰围线都处于水平状态，但由于在前面、侧面、后面或在任意部位的其他方向上腰长不同，因此展开图中的腰线在前、侧、后呈不同高低的曲线。人体的自然腰线在体后部呈稍下落的状态，当裙子的腰线按照身体的自然形态设计时，展开图的腰线在后中心也会呈现稍下落的状态。反之，如果将腰线设计为水平状态，后中心的腰长由于身体表面的倾斜度较大而加长，展开图的腰线在后中心则呈上弧形态。腰部侧面无论在什么情况下都呈现上翘状态。

二、裙子围度量的加放

（一）裙子基本围度放松量的加放

裙子基本围度放松量的加放见表4-4。

表4-4　裙子腰围、臀围基本放松量的加放　　　　　　　　　　　　　单位：cm

名称	人自然站立的时候	人坐在椅子上的时候	人坐在地面上的时候	人呼吸进餐的时候	裙子围度一般放量
腰围	人体实际尺寸（净）	净+1.5	净+2	净+1.5	净+2
臀围	人体实际尺寸（净）	净+2.5	净+4		净+（4～6）

1. 裙子腰围加放量设计原理

裙子的腰部设计只需考虑腰围实际尺寸和松度，没有必要考虑运动度。裙子腰围尺寸是直立、自然状态下进行测量得到的净尺寸，当人坐在椅子上时，腰围围度增加1.5cm左右；当坐在地上时，腰围围度增加2cm左右；呼吸、进餐前后会有1.5cm差异。通常裙子腰围加放量为2～3cm。所以在裙子腰围尺寸设计上合体的腰围加放量是满足人体的基本需求量值应加放2cm左右，虽然从生理学角度看，2cm程度的压迫对人体没有影响，但如果在结构设计上忽略这部分量值，在穿着上会造成不舒适的现象。

基本裙子腰围尺寸＝腰围净尺寸＋［2（最小值不系腰带）～3cm（系腰带）］

2. 裙子臀围加放量设计原理

裙子的臀部设计只需考虑腰围实际尺寸和松度，没有必要考虑运动度。臀部是人体下部最丰满的部位，人体在站立时，测量的臀围尺寸是净尺寸；当人坐在椅子上时，臀围围度增加2.5cm左右；坐在地上时，臀围围度增加4cm左右。根据人体不同姿态时的臀部变化可以看出，臀部最小加放量应为4cm。臀部无关节活动点的运动量往往增加在长度上，裙子没有裆部的连接设计，所以在裙子臀围尺寸设计上合体的臀围加放量是满足人体的基本需求量值应加放4cm左右。人体在弯腰、下蹲、坐卧时，前臀部、腹部会受到挤压，后臀大肌会产生伸展现象，同样会使臀围尺寸发生3～4cm的膨胀变化，因此，在基本的裙子臀围作出与之相对应的松量是必须的，而对于有一定弹性的面料，则可按净围尺寸作出。

基本裙子臀围尺寸＝臀围净尺寸＋4cm（最小值）

（二）裙子受季节因素影响放松量

由于受到流行因素的影响，如今裙子不仅仅局限于夏天穿着，一年四季（春、夏、秋、冬）皆宜。

夏季与冬季是在一年四季中两个最为极端的季节，因此在面料的选择上大为不同，冬季由于寒冷可选用质地较厚的面料；夏季由于炎热或清凉可选用面料质地较薄的面料。这都直接影响着制作裙子部位放松量的加放。具体可参考表4-5。

表4-5　裙子受季节因素影响放松量的加放　　　　　　　　　　　　　　　　　单位：cm

名称	人自然站立的时候	春季	夏季	秋季	冬季
腰围	人体实际尺寸（净）	净+2	净+2	净+3	净+3
臀围	人体实际尺寸（净）	净+4	净+4	净+（4～5）	净+6（以上）

第四节　裙长与步距的控制

　　正常行走包括步行和登高。通常标准人体迈一步的前后足距约为65cm（前脚尖至后脚跟的距离），而对应该足距的膝围是82～109cm，两膝的围度是制约裙子造型的条件，如图4-21所示。

　　裙长的设计受到了人自然行走时，下肢各部位围度的制约影响，因此在制作裙子样板的时候要特别注意。为了解决这一难题，笔者将人自然行走的时候，下肢各部位围度的对裙子长度的影响进行了相应的范围取值划分，见表4-6。

一步迈多大直接影响裙子下摆
的尺寸设计啊！

膝围
尺度

踝围尺度

图4-21　步距与人体下肢关系

一、裙子的膝围及步距围度的解决

　　紧身裙设计开衩或活褶就是基于这种功能设计的。开衩或活褶的长度和下肢的运动幅度成正比。两膝围度尺寸不仅决定裙摆的松度，还决定了开衩位置的高低，开衩的长度设计依据来源于两膝围度的设计方法。

二、人体行走时的部位尺寸控制

　　标准人体的足距范围值为65cm，这是指的直线距离，如果以踝围围度考虑，见图4-21，标准人人体的裙子下摆围度范围为130～150cm，在无开合设计（无开衩、或系扣的款式）的款式设计中，也就是说下摆的摆围要大于130cm这个范围里才能满足基本行走的要求。以130cm计算，裙子的长度到踝骨位置的长裙其下摆的前后片最小控制量值的范围值应为130/4＝32.5cm，150/4＝37.5cm，即32.5～37.5cm。小于这个范围值在走路的时候就会出现挡腿的现象，只能小步行走，否则就需要加设开衩设计。

表4-6　人体自然行走放松量的加放　　　　　　　　　　　　　　　　单位：cm

位置	图示	正常行走	大步行走	正常登高	大步登高	人正常行走对基础裙子的影响		
						紧身裙（含开衩长）	适体裙	宽松裙
步距		65	73	20	40	—	—	—
两膝围度		85～110	88～103	95～110	115～130	107	110（以上）	120（以上）
两踝围度		100～115	120～135	—	—	—	120（以上）	130（以上）

第五章　经典裙子裁剪纸样绘制

裙子的剪裁

如果让我们说出裙子的款式变化有多少种，恐怕很难回答，因为裙子太丰富了，不是几十种、几百种能概括的。任何事物都是遵循它固有的规律而发展变化的，裙子变化亦是如此。从表面上看裙子的造型是包括三个基本结构规律变化，即廓型变化、分割线变化和褶裥变化，实际上这些变化都是在基本的裙型基础上进行的款式变化，我们在掌握基本裙子裁剪方法后，会发现这些变化仅仅是款式设计的要求而已。

第一节　六大基本裙型裁剪纸样绘制

一、廓型变化

通常用裙摆的阔度划分出裙子廓型变化的决定性因素，我们在此采用基础裙型变化来阐述裙型款式变化的分析，基础裙型是指不考虑分割线变化和褶裥变化的廓型变化裙型。由紧身至宽松的廓型变化的基础裙型分为紧身裙、适身裙（直筒裙）、半宽松裙（A字裙）、宽松裙、半圆裙和全圆裙，见表5-1。

表5-1　基础裙型的廓型变化过程

名称	款式说明	六大基础裙型	廓型变化过程
紧身裙	紧身裙在众多的裙子造型中，存在着一种特殊的状态，因为它恰恰处在贴身的极限，其廓型变化是从腰部到臀部贴身合体，从臀部至下摆裙摆阔度呈收摆状态，为了满足腿行走的机能需求，下摆处要设计开衩		瘦
适身裙（直筒裙）	适身裙是从腰部到臀部贴身合体，而从臀部至下摆呈直线状。与紧身裙的区别仅在于下摆阔度不做收量处理，为了满足腿行走的机能需求，下摆处要设计开衩		
半宽松裙（A型裙）	裙子的合体与宽松程度取决于裙摆的阔度。半宽松裙的款式呈A字形，裙摆阔度大于适身裙，半宽松裙就是在适体裙的基础上增加其裙摆阔度而完成		
宽松裙	宽松裙的裙身是在半宽松裙（A型裙）的基础上继续增加裙摆量而形成的，裙摆呈小波浪状态		
半圆裙	半圆裙是指裙摆阔度正好是整圆的一半，其下摆尺度比宽松裙要大		
全圆裙	全圆裙是指裙摆阔度正好是一个整圆，其下摆尺度是半圆裙的1倍大		肥

制约裙子廓型的因素是裙子的腰口结构与裙摆阔度之间的关系，这是本节要解决的重点问题之一，从表面上看，影响裙子外形的是裙下摆，实质制约裙摆的关键在于裙腰线的构成方式。这一规律可以从紧身裙到整圆裙结构的变化中得以证明。

二、紧身裙

（一）款式说明

紧身裙也称一步裙，又称霍布尔裙，即蹒跚走路的样子，是法国设计师保罗·布瓦列特在1911年发布的一款新装。其式样为适体腰身，膝部以下收摆，以致裙摆尺寸无法满足大步走路，因此穿这种裙子的女士行走时需要步履蹒跚。虽引起争议，但这种优雅的全新样式在第一次世界大战前后成为女性们追求的时尚。为了便于步行方便，设计师在收窄裙摆上做了开衩处理，这是西方服装史上第一次在女裙上做开衩。膝部以下的收紧和开衩，不仅是一种性感的表现，而且还预示了未来女装设计的重点将向腿部转移，如图5-1所示。

在紧身裙中有两个重要的功能性设计，一是考虑到裙子的穿脱方便要在后中心处或侧缝处的腰口处安装拉链；二是为了便于行走则要在后中心处或侧缝的下摆处做开衩处理。

紧身裙是职业女性不可缺少的时尚单品，无论是搭配西装还是衬衫，都能凸显出女性优雅干练的气质，紧身裙在众多的裙装造型中，给人的视觉感是一种曲线状态，因为它恰到好处地在贴身的极限，从腰部到臀部贴身合体，而从臀部至下摆呈收摆状态。

紧身裙前、后裙身为三片结构，裙前片为整片结构，裙后片的后中心线为段缝。裙前片收四个腹省，裙后片收四个臀省，装腰头。这种裙子可分别用作单件的或用作裙套装的裙子款式。

（1）裙身构成

紧身裙裙身分为两种功能性结构处理方式。一是裙身前、后片均为整片结构，在裙身侧缝处安装拉链，且在裙身下摆两侧开衩，但是由于人体下肢体态的缘由使得侧缝处存在腰臀差而造成侧缝是弧线形结构，同时为了方便行走而在两侧裙缝处设置开衩结构，但是这种结构方式在工艺制作中不宜处理，一般不采纳。二是裙身结构为三片结构，裙前片为整片结构，后片后中心线处断缝，后中心线下摆处做开衩处理，由于人体后中心线处趋于直线状态，同时为方便行走由侧缝下摆开衩处理转换到后中心线下摆开衩，这样的结构方式易于工艺制作的处理，因此广为使用。

（2）裙腰

裙前片收四个腹省，裙后片收四个臀省，装腰头，右搭左，并且在腰头处锁扣眼，装纽扣。

（3）裙后片

裙后片后中心断缝，在后中心线上侧装拉链和下摆处做开衩处理。

（4）裙开衩

后中心下摆开衩。

（5）拉链

拉链装于后中心上端，缝合于裙子右侧缝，装普通树脂或金属拉链，目前多采用隐性拉链。

（6）纽扣

纽扣用于腰口处。

（二）面料、里料、辅料的准备

制作一条裙子首先要先了解和购买裙子的面料、里料和辅料，下面将详细介绍面辅料的选择、用量，见表5-2。

图5-1　紧身裙效果图

表5-2　紧身裙面料、里料、辅料的准备

常用面料		紧身裙面料要求平挺、富有弹性、悬垂性能好，如毛织物中的派力司、凡立丁，化纤织物中的薄型中长花呢、薄型针织涤纶面料等均可，同时也要根据身份不同选用各种档次的面料。 面料幅宽：144cm、150cm、165cm。 基本估算方法：裙长＋缝份5cm，如果需要对花对格子时应当追加适当的量
常用里料		里料幅宽：144cm、150cm、165cm。 基本估算方法：裙长＋缝份5cm，如果需要对花对格子时应当追加适当的量。 裙子里料的长度一般比裙子面料的长度短，由于人体动态因素，所以里料需有一定弹性，在裙摆较大裙子的里料下摆的围度可以不按照裙面的下摆大小来确定，但必须要满足人体最基本的步距，里料颜色应与面料色彩保持一致
常用辅料	衬	幅宽为90cm或112cm，用于裙腰里。 厚黏合衬。采用布衬，缓解裙腰在长期穿用过程中发生变形的作用
		幅宽为90cm或120cm（零部件），用于裙腰面、开衩处、前后裙片下摆、底襟等部件。 薄黏合衬。采用纸衬，在缝制过程中起到加固，防止面料变形造成的不易缝制或出现拉长的现象
	纽扣或裤钩	直径为1～1.5cm的纽扣或裤钩一个（用于腰口处）
	拉链	缝合于右侧缝的拉链，可选择隐形拉链也可以选择普通的金属拉链或树脂拉链，长度为15～18cm，颜色应与面料色彩相一致
	线	可以选择结实的普通涤纶缝纫线

（三）紧身裙结构制图

准备好制图工具，包括测量好的尺寸表、画线用的直角尺、曲线尺、方眼定规、量角器、测量曲线长度的卷尺。

图纸选用四六开的牛皮纸（1091mm×788mm），易于操作并且大小合适，制图时要选择纸张光滑的一面，便于擦拭，不易起毛破损。

制图所用的纸张与工具都一样，后文不再介绍。

1.制定紧身裙成衣尺寸

根据所需要的人体尺寸，先制定出一个尺寸表，这里以我国服装规格160/68A为例说明，见表5-3。

表5-3　紧身裙成衣规格　　　　　　　　　　　　　　　　　　　　单位：cm

名称 规格	裙长	腰围	臀围	腰长	下摆大	腰宽
尺寸	53	70	94	18 ~ 20	88	3

2. 制图步骤

紧身裙结构属于裙型结构中典型的基本纸样，如图5-2所示，这里将根据图例分步骤进行制图说明。

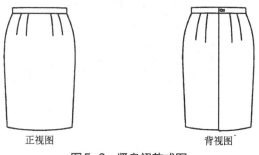

正视图　　　　　　　　背视图

图5-2　紧身裙款式图

（1）建立紧身裙框架结构（基础裙原型框架）

① 后腰围辅助线的确定。首先做出一条水平线，该线为腰线设计的依据线，也称之为腰围辅助线，如图5-3所示。

② 后中心线的确定。做与腰围辅助线相交的垂直线。该线是裙原型的后中心线，同时也是成品裙长设计的依据线。

③ 后臀围辅助线的确定。由腰围辅助线与后中心线的交点在后中心线上量取18 ~ 20cm的腰长值，做腰长的水平线，此线为后臀围辅助线。

④ 后片臀围宽的确定。在臀围辅助线上由后中心线与臀围辅助线的交点向后侧缝方向量取后臀围宽/4，即94cm/4＝23.5cm。

⑤ 后侧缝辅助线的确定。由后中心线与臀围辅助线的交点量出后臀围宽后，做平行于后中心线的垂直线即后侧缝辅助线。

⑥ 后下摆线辅助线的确定。由腰围辅助线与后中心线的交点在后中心线上量取裙长－腰宽，即53-3=50cm，作为下摆线辅助线，且与腰围辅助线保持平行。

⑦ 前腰围辅助线的确定。首先做出一条水平线，该线为腰线设计的依据线，也称之为腰围辅助线，如图5-3所示。

⑧ 前中心线的确定。做与腰围辅助线相交的垂直线。该线是裙原型的前中心线，同时也是成品裙长设计的依据线。

⑨ 前臀围辅助线的确定。由腰围辅助线与后中心线的交点在前中心线上量取18 ~ 20cm的腰长值，且作腰长的水平线，此线为前臀围辅助线。

⑩ 前片臀围宽的确定。在臀围辅助线上由前中心线与臀围辅助线的交点向前侧缝方向量取前臀围宽/4，即94cm/4=23.5cm。

⑪ 前侧缝辅助线的确定。由前中心线与臀围辅助线的交点量出前臀围宽后，做平行于前中心线的垂直线，即前侧缝辅助线。

⑫ 前下摆线辅助线的确定。由腰围辅助线与前中心线的交点在前中心线上量取裙长－腰宽，即53-3＝50cm，作为下摆线辅助线，且与腰围辅助线保持平行。

（2）建立紧身裙结构制图步骤

① 后腰尺寸的确定。由后中心线与腰围辅助线的交点向后侧缝方向量取后腰尺寸$W/4 + 4cm$（设计量），即70cm/4 + 4cm＝21.5cm，如图5-3所示。

② 后腰口起翘值的确定。由后中心线与腰围辅助线的交点向后侧缝方向量取后腰实际尺寸定点后，由此点垂直向上量取起翘量0.7cm，将0.7cm作为点一，如图5-3所示。

③ 后侧缝弧线的确定。在后侧缝辅助线上将后臀围宽点与后侧缝辅助线的交点确定为点二，将后腰口起翘量点一与点二连成圆顺的外凸弧线，如图5-3所示。

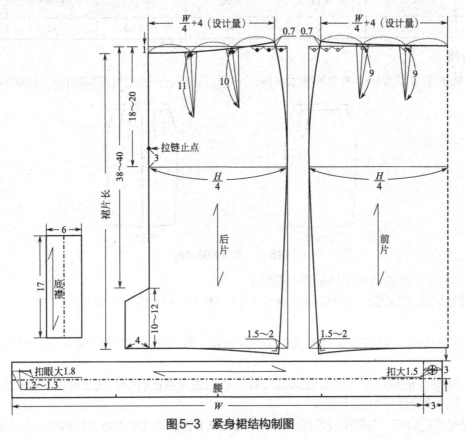

图5-3　紧身裙结构制图

需要说明的是，从腰部到臀围的侧缝弧度不能太大，也就是在前后侧缝的腰部劈去的量不能太多，否则侧缝弧线中容易形成鼓包，为工艺制作带来不方便，同时穿着的外观效果不美观。

④ 后腰省位置、后腰省长、后腰省大的确定。后腰省位的确定是将后腰实际尺寸3等份为省位；后腰省长的确定是由后中心线向后侧缝方向，省长依次为11cm、10cm；后腰省大的确定是臀腰围差的1/3，如图5-3所示。

⑤ 后腰口弧线的确定。由后中心线下落1cm点与后腰口起翘点连成圆顺的后腰口弧线，见图5-3。

需要说明的是，后中心腰口比前中心腰口低落1cm左右，是由女性的下肢体型所决定的。侧观人体，可见腹部前凸，而臀部略有下垂，致使后腰至臀部之间的斜坡显得平坦，并在上部处略有凹进，腰际至臀底部处呈S型。导致腹部的隆起使得前裙腰向斜上方移升，后腰下部的平坦使得后腰下沉，致使整个裙腰处于前高后低的非水平状态。在后中心腰口低落1cm，就能使裙腰部处于良好状态。低落的幅度一般在1cm左右，具体应根据体型及合体程度加以调节。

⑥ 后片底边开衩的确定。在后中心线上由后中心线与后下摆辅助线的交点向腰围辅助线方向量取开衩的宽度4cm，高度为10～12cm（设计尺寸值），如图5-3所示。

⑦ 后中心拉链止点的确定。由臀围辅助线与后侧缝辅助的交点在后中心线上向腰围辅助线方向量取3cm，作为拉链止点，3cm点与后中心线低落1cm点的距离为拉链的长度。

⑧ 裙片后中心线的确定。由后中心线低落1cm点在后中心线上向下垂直延长到底边开衩高度为止，确定出裙片的后中心线。

⑨ 后裙片下摆线的确定。在后下摆辅助线与后侧缝辅助线的交点向后中心线方向量取1.5～2cm作为辅助点三，由开衩宽点4cm处通过辅助点三和后侧缝线连顺，且后下摆与后侧缝线的交点处要保持90°，这样才能保证前后裙片的下摆线程180°水平线，如图5-3所示。

⑩ 前腰口尺寸的确定。由前中心线与腰围辅助线的交点向前侧缝方向量取前腰尺寸W/4 + 4cm（设计量），即70cm/4 = 21.5cm，如图5-3所示。

⑪ 前腰口起翘值的确定。由前中心线与腰围辅助线的交点向前侧缝方向量取前腰实际尺寸定点后，由此点垂直向上量取0.7cm，将0.7cm作为点四。

⑫ 前侧缝弧线的确定。在前侧缝辅助线上将前臀围宽点与前侧缝辅助线的交点与点四连接成圆顺的外凸弧线。

⑬ 确定前腰省位置、前腰省长、前腰省大的确定。前腰省位的确定是将其前腰实际尺寸3等份为省位；前腰省长的确定由前中心线向侧缝方向省长均为9cm；前腰省大的确定为臀腰围差的1/3。

⑭ 前腰口弧线的确定。由前中心线与腰围辅助线的交点与点四连成圆顺的前腰口弧线。

⑮ 裙片前中心线的确定。由前中心线辅助线与腰围辅助线的交点垂直向下延长到下摆辅助线，确定裙片的前中心线。

⑯ 前下摆线的确定。在前下摆辅助线与前侧缝辅助线的交点向前中心线方向量取1.5～2cm作为辅助点五，由前中心线与前下摆辅助线的交点处通过辅助点五和前侧缝线连顺，且前下摆与前侧缝线的交点处要保持90°，这样才能保证前后裙片的下摆线呈180°水平线，如图5-3所示。

⑰ 底襟的长度、宽度的确定。裙子底襟长要覆盖住拉链，对折制作，底襟长18cm，宽6cm。

⑱ 完成腰头制图，由于腰面和腰里都是一体，将其双折制作，腰头宽为6cm。在腰头处加上底襟宽度3cm，即可确定腰头的长度和宽度，如图5-3所示。

（四）服装纸样的制作

纸样制作是指对某些部位纸样结构进行修正，使之可以达到美化人体、方便排料、节省用料等目的。服装纸样也称为裁剪样板，是指根据款式与尺寸要求，通过计算，将组成服装的裁片绘制在纸上。

在做服装裁剪纸样设计时，要考虑到后续制作活动问题，因此绘制完服装纸样必须做成能方便缝制的样板。

1. 检验纸样

检验纸样。检验纸样是为了确保裙子的制作能顺利完成。

（1）检查缝合线长度。部分缝合线最终都应保持相等关系，如裙片中侧缝线的长度。

（2）纱向线的标注。纱向线用于描述机织织物上经纬纱线的纹路方向。

经向纱线指织物长度方向上的纱线（与布边平行的称之为经向），而纬纱向指织物宽度方向的纱线。

纱向线通常以双箭头"←——→"符号表示，有些有倒顺毛或倒顺花的面料采用单箭头"——→"符号。

纱向线的标注用以说明裁片排板的位置。裁片在排料裁剪时首先要通过纱向线来判断摆放的正确位置，其次要通过箭头符号来确定面料的状态，如图5-4所示。

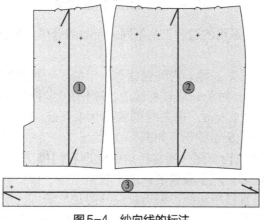

图5-4　纱向线的标注

2. 缝份的加放方法

服装结构制图完成后，应在净样板的基础上根据需要加放必要的缝合的量，称为缝份，并对样板进行复核修正；不带有缝份，则称这种样板为净样板，起到对纸样的修正和固定成衣造型，但它决不能作为生产的纸样。

修改结构制图后，需做出净样板纸样的缝份，并沿纸样缝份的边线将之剪下称为生产样板（毛板），即带有缝份的纸样。

缝份的加放是为了满足服装衣片缝制的基本要求，样板缝份的加放受多种因素影响，如款式、部位、工艺及使用材料等，在放缝份时要综合考虑。

服装样板缝份加放遵循平行加放原则如下。

① 在侧缝线等近似直线的轮廓线缝份加放 1～1.2cm。

② 在腰口等曲度较大的轮廓线缝份加放 0.8～1cm。

③ 折边部位缝份的加放量根据款式不同，变化较大，上衣、裙、裤单折边下摆处，一般加放 3～4cm。对于近似扇形的下摆，分两种情况，弧度较小时，可加放量 1～1.5cm，缝合时熨烫将其卷为净边；弧度较大时，可加放量 1cm，缝制时需另上贴边，如图5-5所示。

普通直下摆折边　　　　　　弧度大的扇形下摆折边

图5-5　下摆折边的量的设定

3. 面板缝份的确定

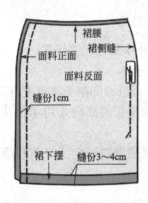 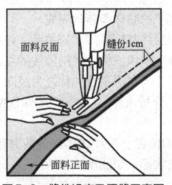 

图5-6　缝份设定及平缝示意图

在服装结构制图过程中，由于采用的服装工艺不同，所放的缝份、折边量也不相同。不同的缝合方式对缝份量也有不同的要求。

常用的缝合结构方式有平缝、来去缝、内外包缝等。平缝是一种最常用的、最简便的缝合方式，其合缝的放缝量一般为 0.8～1.2cm，对于一些较易散边、疏松布料在缝制后将缝份重叠在一起锁边 1cm，在缝制后将缝份分缝的常用量是 1.2cm，来去缝的缝份为 1.4cm，假如包缝宽为 0.6cm，被包缝应放 0.7～0.8cm 缝份，包缝一层应放 1.5cm 缝份，如图5-6所示。

折边的处理不同也影响服装结构制图，通常折边的处理有门襟止口，里襟止口，衣裙底边、袖口、脚口、无领的领圈、无袖的袖窿等。对于服装的折边（衣裙下摆、裤口等）所采取的缝法，一般有两种情况，一是锁边后折边缝；二是直接折边缝。锁边折边缝的加放缝即为所需折边的宽，如果是平摆的款式，西装裙一般为 3～4cm，见图5-6，有利于体现裙子的垂性和稳定性；如果是有弧度形状的下摆和袖口等一般为 0.5～1cm，而直接折边缝一般需要在此基础上加 0.8～1cm 的折进量，对于较大的圆摆衬衫、喇叭裙、圆台裙等边缘，应尽可能将折边做的窄一些，将缝份卷起来作缝即为卷边缝，卷成的宽度为 0.3～0.5cm，故此边所加的缝份为 0.5～1cm，如果是很薄且组织结构较结实的面料可考虑直接锁边，也可作为装饰。

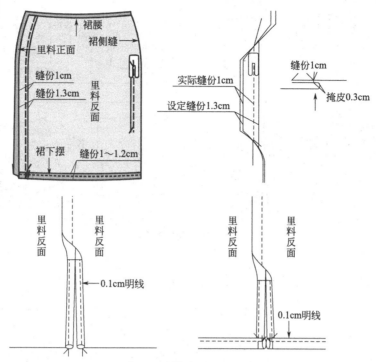

图5-7　里料缝份设定示意图

4. 里板缝份的确定

为了适应面料的伸展和活动，里料应留出松量，裁剪时里料松量的给法是比面料的缝份多出
0.3～0.5cm，缝合里料时比净板位置的记号少缝0.3～0.5cm，其少缝的量作为褶（俗称"掩皮"）的形
式出现，在穿着的时候起到松量的作用，如图5-7所示。

5. 衬板缝份的确定

在补正之后裁剪的下摆、开衩等处粘贴黏合衬。衬的缝份为防止黏合衬渗漏，需比缝份小
0.2～0.3cm；为使裙腰看起来更挺实，在裙腰面料上使用加强衬，加强衬也可不留缝份。

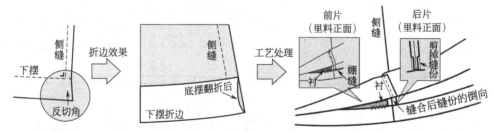

图5-8　反切角的结构设计及工艺处理示意图

6. 下摆反切角的处理

下摆缝份放量一般加放3～4cm，为保证下摆的圆顺，下摆要随着侧缝进行起翘，其弧度构成近似扇
形的下摆。在缝制下摆时要向裙片进行扣折，因此应使缝份的加放满足缝制的需要，即以下摆折边线为中
心线，根据对称原理做出放缝线，在下摆折边处要注意反切角的处理，如图5-8所示。

7. 复核全部纸样

复核后的纸样通过裁剪制成成衣，用来检验纸样是否达到了设计意图，这种纸样称为"头板"。虽然
结构设计是在充分尊重原始设计资料的基础上完成的，但经过复杂的绘制过程，净样板与目标会存在一定
的误差，因此应在净样板完成后对样板规格进行复核修正，如图5-9所示。

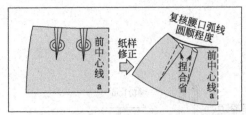

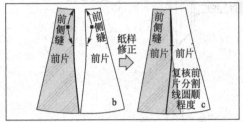
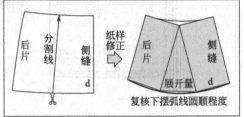

图5-9　裁片复核

8. 样板制作

本款紧身裙工业板的制作，如图5-10～图5-17所示。

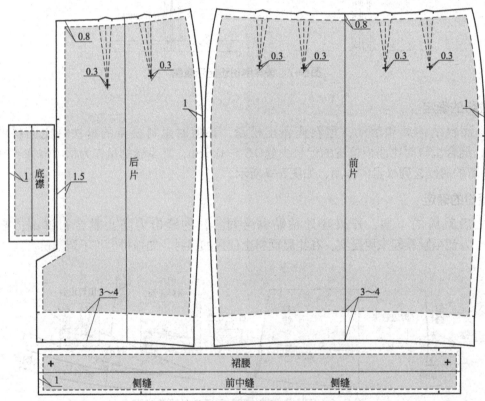

图5-10　紧身裙面料板的缝份加放

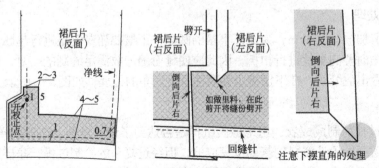

图5-11　紧身裙后开衩示意图

开衩的处理：开衩止点以上的缝份劈开，开衩部分向后片右侧烫倒。裙左后片向上折，用回针缝固定。开衩部分的缝份沿着裙右后片的折边缭缝。

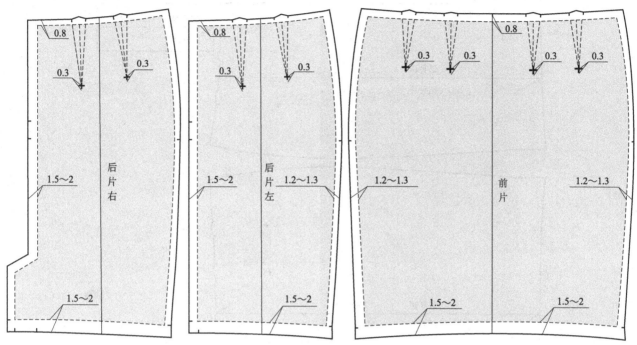

图5-12　紧身裙里料板的缝份加放

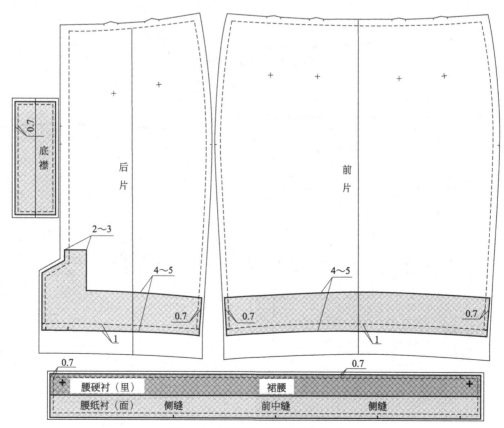

图5-13　紧身裙衬料板缝份的加放

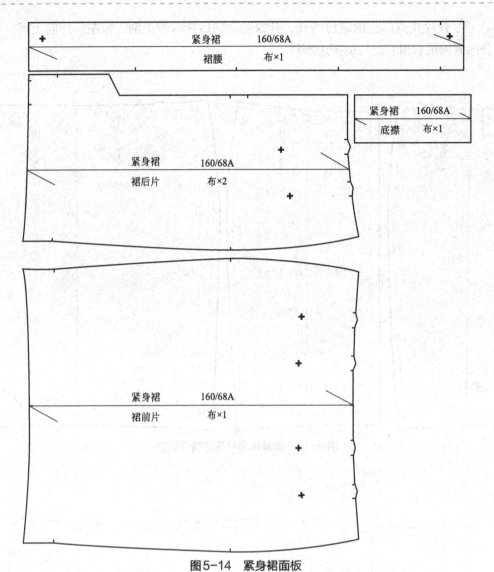

图5-14　紧身裙面板

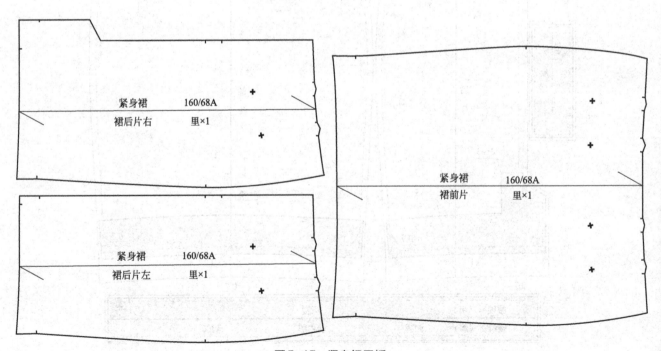

图5-15　紧身裙里板

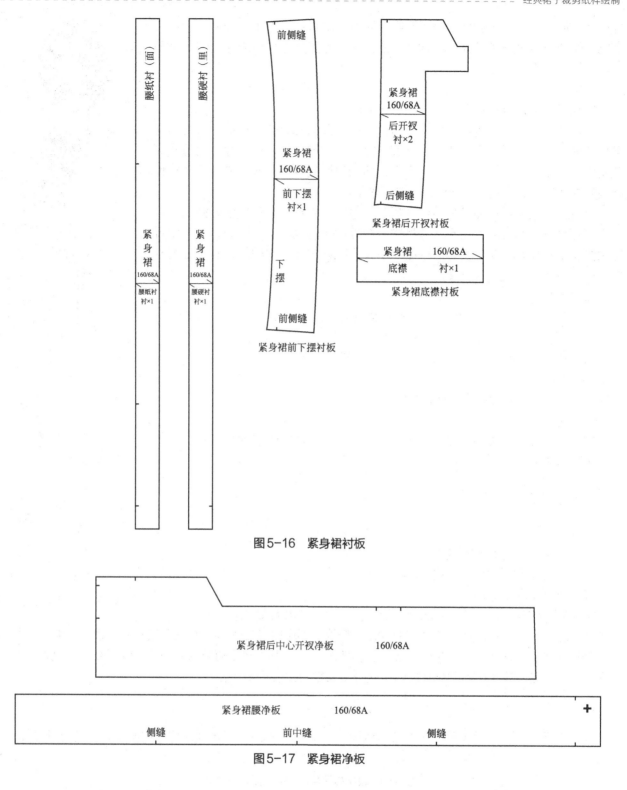

图5-16 紧身裙衬板

图5-17 紧身裙净板

三、适身裙（直筒裙）

（一）款式说明

1. 款式特征

适身裙剪裁窄身垂直，长及膝，以其贴身修长，直线形的特点见称。适身裙不仅能满足职场的知性优雅装扮，还将女性的曲线感与柔美特质表现出来。裙身为三片结构，后中心线断缝，裙前片收四个腹省，裙后片收四个臀省，装腰头，为了满足穿脱方便的机能性要求，分别在后中心上侧装拉链下摆处设置开衩。这种款式的裙子可分别用作单件或作套装的裙子出现，如图5-18所示。

（1）裙身构成

适身裙裙身分为两种功能性结构处理方式。

第一种，裙身前、后片均为整片结构，在裙身侧缝处安装拉链，且在裙身下摆两侧开衩，但是由于人体下肢体态的缘由使得侧缝处腰臀差存在而造成侧缝是弧线形结构，同时为了方便行走而使两侧裙缝处设置开衩结构，但是这种结构方式在工艺制作中不宜处理，一般不采用。

第二种，裙身结构为三片结构，裙前片为整片结构，后片后中心断缝，后中心下摆处做开衩处理，由于人体后中心线处趋于直线状态，同时，为方便行走由侧缝下摆开衩处理转换到后中心线下摆开衩，这样的结构方式易于工艺制作处理，因此为多数人所采取。

（2）腰

前腰收四个腹省，后腰收四个臀省，装腰头。

（3）后中心

裙后片后中心断缝，在后中心上侧装拉链和底部开衩。

（4）开衩

后中心下摆处开衩或侧缝处开衩。

（5）拉链

拉链装于后中心上端，缝合于裙子右侧缝，装普通树脂或金属拉链，目前多采用隐性拉链。

（6）纽扣

用于腰口处。

2. 款式重点

在紧身裙中有两个重要的功能性设计。

适身裙是从腰部到臀部贴身合体，而从臀部至下摆呈直线状。与紧身裙的区别仅在于下摆阔度不做收量处理。

图5-18　适身裙效果图

（1）腰口结构设计：适身裙的腰口结构设计同紧身裙的腰口结构设计一致。

（2）裙摆阔度结构设计：适身裙的裙摆结构设计不做收量处理，与臀围围度尺寸一致，下摆尺度相对于紧身裙来讲，下摆尺度加大6～8cm，但仍然满足不了下摆阔度的要求，仍需设计开衩结构处理。在这里需要说明的是，适身裙的开衩长度略比紧身裙长度距腰线距离长。

（二）面料、里料、辅料的准备

制作一条裙子首先要了解和购买裙子的面料、里料和辅料，下面将详细介绍面、辅料的选择、用量，见表5-4。

表5-4　适身裙面料、里料、辅料的准备

| 常用面料 |  | 本款适身裙贴合身线的剪裁，能很好地勾勒出女性曲线效果；因此裙料要求平挺、富有弹性、悬垂性能好，如毛织物中的派力司、凡立丁，化纤织物中的薄型中长花呢、薄型针织涤纶面料等均可，同时也要根据身份不同选用各种档次的面料。
面料幅宽：144cm、150cm或165cm。
基本的估算方法：裙长＋缝份5cm，如果需要对花或对格子时应当追加适当的量 |

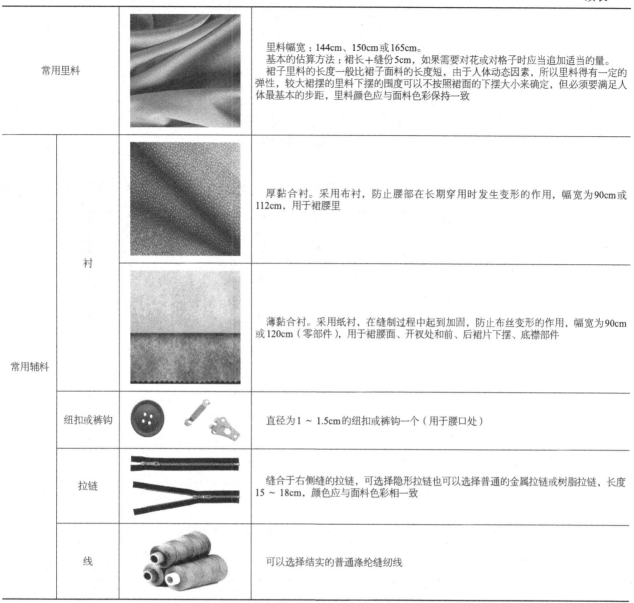

常用里料			里料幅宽：144cm、150cm或165cm。 基本的估算方法：裙长＋缝份5cm，如果需要对花或对格子时应当追加适当的量。 裙子里料的长度一般比裙子面料的长度短，由于人体动态因素，所以里料得有一定的弹性，较大裙摆的里料下摆的围度可以不按照裙面的下摆大小来确定，但必须要满足人体最基本的步距，里料颜色应与面料色彩保持一致
常用辅料	衬		厚黏合衬。采用布衬，防止腰部在长期穿用时发生变形的作用，幅宽为90cm或112cm，用于裙腰里
			薄黏合衬。采用纸衬，在缝制过程中起到加固，防止布丝变形的作用，幅宽为90cm或120cm（零部件），用于裙腰面、开衩处和前、后裙片下摆、底襟部件
	纽扣或裤钩		直径为1～1.5cm的纽扣或裤钩一个（用于腰口处）
	拉链		缝合于右侧缝的拉链，可选择隐形拉链也可以选择普通的金属拉链或树脂拉链，长度15～18cm，颜色应与面料色彩相一致
	线		可以选择结实的普通涤纶缝纫线

（三）适身裙结构制图

1. 制定适身裙成衣尺寸

按照所需要的人体尺寸，先制定出一个尺寸表，这里按照我国服装规格160/68A作为参考尺寸，举例说明，见表5-5。

表5-5　适身裙成衣规格

单位：cm

规格＼名称	裙长	腰围	臀围	腰长	下摆大	腰头宽
尺寸	30～90	70	94	18～20	94	3

2. 适身裙裁剪制图

适身裙结构属于裙型结构中典型的基本纸样，其款式的基本特征，如图5-19所示，制图要点和制图步骤参照紧身裙的结构制图，这里不再进行讲解，如图5-20所示。

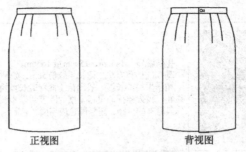

正视图　　　　背视图

图5-19　紧身裙款式图

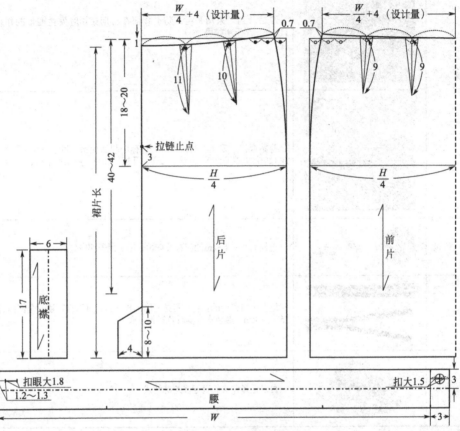

图5-20　适身裙结构制图

四、半宽松裙（A字裙）

（一）款式说明

1. 款式特征

半宽松裙（A字裙）轮廓是板型像字母"A"的短裙，从窄腰开始到下摆自然散开的裙型；上窄下宽的形状不仅可以衬托腰身，同时可以修饰腿形；此裙型搭配款式范围较广，不同风格的造型都会令人耳目一新，如图5-21所示。

（1）裙身构成

A字裙的裙身结构是在适身裙的基础上将前后裙侧省合并，裙摆自然张开而形成的裙型结构。

（2）裙里

根据款式的需求、裙面的厚薄以及透明度，对裙里的要求也不同，一般裙里的长度长至膝盖，且具有一定的弹性，围度方向要满足人体的步距。

（3）腰

绱腰头，前后腰部各收1个省，左侧或右侧前片压后片，要根据个人习惯，通常欧洲的服装习惯是左侧穿脱，我国习惯右侧穿脱。在腰头处锁扣眼，装纽扣。

（4）拉链

拉链缝合于裙子侧缝，装普通树脂或金属拉链，目前多采用隐性拉链。

（5）纽扣

纽扣用于腰口处。

2. 款式重点

掌握裙长与裙摆的阔度是半宽松裙（A字裙）的重点。

裙子的合体与宽松程度取决于裙长和裙摆的阔度。半宽松裙的款式呈A字形，裙摆阔度大于适身裙，半宽松裙就是在适体裙的基础上增加其裙摆阔度而完成的。

（1）腰口结构设计——省道合并

半宽松裙腰口结构设计的处理方法是将原有的腰臀差量进行部分省量保留在腰口线上，部分省道合并，其对应的省道下摆自然张开，臀围略有增大。此时腰口弧线状态会随着裙下摆放量的增大随之增大，腰口线呈现内凹状态，侧缝起翘量增大。

（2）裙摆阔度结构设计

半宽松裙下摆阔度结构设计受裙子长度的影响，以裙子常用的两个长度控制值，即膝盖和踝骨的位置来制定。

一种是我们通常说的及膝裙，裙长达到膝盖范围控制在60cm以内，在正常步距下行走时，通过两膝围度的最大值110cm计算来控制下摆尺寸，满足该尺寸的下摆尺度后可按照款式需求适当加大裙子的裙摆阔度。

另一种是我们通常说的长裙，裙子长度达到踝骨约90cm左右，通过下摆围度量130cm来控制下摆尺寸，以满足人体步距，使人体无障碍正常行走，但是此时的裙摆造型通常给人视觉感下摆围度较大，不符合造型要求，一般情况下会适当减小下摆围度，可根据裙子需求而定，通常采取下摆围度尺寸为120cm这个数据满足人体最小步距，也可按照款子需求适当加大裙子的裙摆阔度。

（二）面料、里料、辅料的准备

半宽松裙常用的面辅料的选择、用量以及所使用的辅料的数量见表5-6。

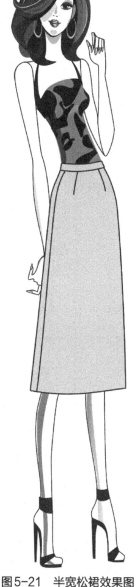

图5-21 半宽松裙效果图

表5-6 半宽松裙面料、里料、辅料的准备

常用面料	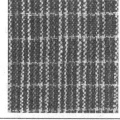	面料适宜的范围相对较广，在图案上有蕾丝花纹、抽象印花的点缀增添浓郁的女人味。在手感上有棉布、亚麻的使用给增加了纯朴之感，毛呢格子料的添加给人以端庄、温暖亲切之感。从季节上分，春夏可使用毛涤纶、毛花呢、雪纺、真丝等，秋冬则可使用针织、羊毛呢、皮革、羽绒棉等。 面料幅宽：144cm、150cm或165cm。 基本的估算方法：裙长＋缝份5cm，如果需要对花、对格子时应当追加适当的量
常用里料		里料幅宽：144cm、150cm或165cm。 基本的估算方法：裙长＋缝份5cm，如果需要对花、对格子时应当追加适当的量。 裙子里料的长度一般是比裙子面料的长度短，由于人体动态因素，所以里料得有一定得弹性，可采用针织网眼弹力布或弹力色丁布，在裙摆较大裙子的里料下摆的围度可以不按照裙面的下摆大小来确定，但必须要满足人体最基本的步距，里料颜色应与面料色彩保持一致

续表

		幅宽为90cm或112cm，用于裙腰里。 厚黏合衬。采用布衬，缓解裙腰在长期穿用过程中发生变形的作用
常用辅料	衬	幅宽为90cm或120cm（零部件），用于裙腰面、开衩处和前、后裙片下摆、底襟等部件。 薄黏合衬。采用纸衬，在缝制过程中起到加固，防止面料变形造成的不易缝制或出现拉长的现象
	纽扣或裤钩	直径为1～1.5cm的纽扣或裤钩一个（用于腰口处）
	拉链	缝合于右侧缝的拉链，可选择隐形拉链也可以选择普通的金属拉链或树脂拉链，长度15～18cm，颜色应与面料色彩相一致
	线	可以选择结实的普通涤纶缝纫线

（三）半宽松裙结构制图

1. 制定半宽松裙成衣尺寸

按照所需要的人体尺寸，先制定出一个尺寸表，这里按照我国服装规格160/68A作为参考尺寸，举例说明，见表5-7。

表5-7　半宽松裙成衣规格　　　　　　　　　　　　单位：cm

名称 规格	裙长	（腰围）	（臀围）	下摆大	腰长	腰头宽
尺寸	32～92	70	94	120	18～20	3

2. 半宽松裙裁剪制图

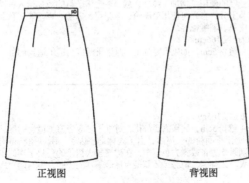

正视图　　　　背视图

图5-22　半宽松裙款式图

人体下肢形态的构成是由两个圆台型构成，以臀围为界限，臀围上半部分是合体圆台型，臀围下半部分标准圆台型。半宽松裙的款式造型呈A字型状态，裙摆大于适身裙，结构设计的方法是在原型裙结构基础上将腰臀差量以省的形式均匀分布在腰口线上，使得部分省道合并，则对应省道的下摆自然张开，臀围略有增大。这时的腰口弧线会随着裙下摆放量的增大，弧度也随之增大、内凹，腰口曲线弧度符合腰腹的人体形态，半宽松裙结构属于裙型结构中典型的基本纸样，其款式的基本特征如图5-22所示。

裙片由后中心线低落1cm，后腰口比前腰口要低落1cm左右，是由于女性体型决定的。在后中腰口低落1cm

左右，就能使裙腰部处于良好水平状态。再依次量取裙片长29cm、49cm、59cm、69cm、89cm来作为参照依据。将靠近裙侧缝的省尖引出一条垂直线，此线作为切展线，剪开至省尖，将靠近侧缝的省道全部合并，则切展线向侧缝方向偏移，下摆放量展开，如图5-23所示。

下摆阔度尺寸的确定，按照腰部省量合并展切的下摆大约154cm，而半宽松裙的裙摆一般不会太大，使其结构显现为"A"字形，在裙摆的设计上要根据款式需求考虑其下摆的尺度，通常裙长度在膝围约60cm长，则其下摆取90/4=22.5cm或110cm/4=27.5cm。裙长度在踝围约90cm长，其下摆取120cm/4=30cm或130cm/4=32.5cm。此阔度尺寸在造型上符合人们认知的半宽松裙造型，但实际行走会略显挡腿，通常在适身裙裁剪中往往以120cm作为无开衩下满足人体基本运动的步距极限状态的下摆围度，如图5-23所示。

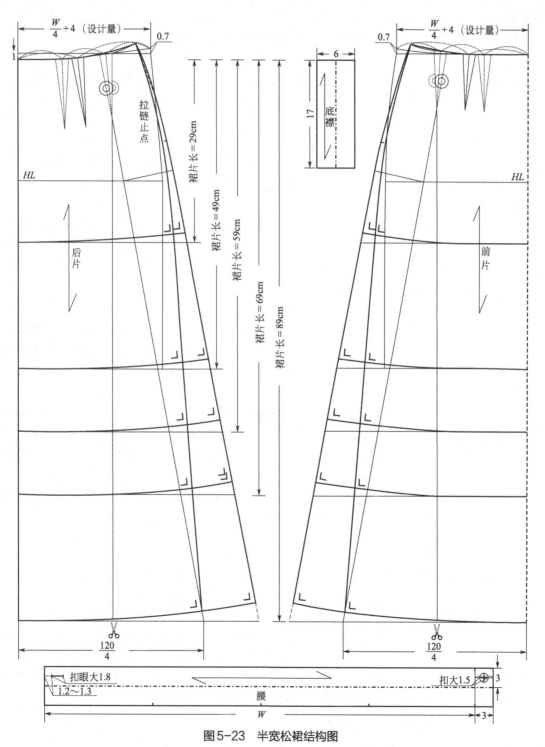

图5-23 半宽松裙结构图

五、宽松裙（斜裙）

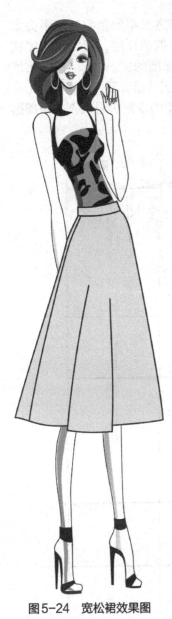

图5-24　宽松裙效果图

（一）宽松裙款式说明

1. 款式特征

宽松裙整体造型呈腰口小，下摆大的喇叭造型。宽松裙结构较为简单，而款式动感较强，如图5-24所示。

（1）裙身构成

宽松裙裙身构成是在适身裙的基础上将腰臀差量合并增加下摆阔度而形成的。此时腰臀差量的处理已经完全失去了意义，裙身前、后片均为整体地两片裙身结构，腰部以下呈现出自然的波浪褶。

（2）裙里

根据款式的需求、裙面的厚薄以及透明度等，对裙里的要求也不同，一般裙里的长度长至膝盖，围度方向要满足人体的步距或加开衩，也可以采用弹性面料。

（3）腰

绱腰头，左侧或右侧前片压后片，要根据个人习惯，通常欧洲的服装习惯是左侧穿脱，我国习惯右侧穿脱，在腰头处锁扣眼，装纽扣。

（4）拉链

缝合于裙子侧缝，装普通树脂或金属拉链，目前多采用隐性拉链。

（5）纽扣

纽扣用于腰口处。

2. 款式重点

（1）腰口结构设计

宽松裙腰口结构设计的处理方法是在原型裙结构基础上将原有的腰臀差量的全部省道按照半适身裙的切展原理合并，对应省道的下摆自然张开，此时腰臀差量的处理已经完全失去了意义。

（2）裙摆阔度结构设计

裙下摆随着腰省的合并张开，裙型变为扇形结构。当人体的腰臀差量较大时，腰口弧线会随着裙下摆放量增大而显得裙摆越大。下摆尺度的加大对应的臀围尺寸略有增大，同时为了使整体造型美观，可适当追加侧缝量，从裙子的侧缝上看，裙摆越大，侧缝线的弧度越小，且趋于直线。

从中我们可以得出，宽松裙的裙摆受腰省大小的制约，实质上是受腰口线的制约，即腰口线曲度越大，裙摆展开量越大。这种规律同样适用于半圆裙和整圆裙。

（二）面料、里料、辅料的准备

宽松裙面料、里料、辅料的选择、用量以及所使用的辅料的数量，见表5-8。

表5-8　宽松裙面料、里料、辅料的准备

| 常用面料 |  | 宽松裙在面料材质选择上范围较广，疏松柔软，厚薄面料均可。如秋冬季使用含羊毛成分并带有肌理质感的呢料为裙子带来复古的味道和艺术气息。具有回弹力强的斜纹肌理面料，分量感十足，穿着无负担，舒适百搭。春夏季选用手感柔和、垂坠感好的涤纶、雪纺面料，以表现宽松裙廓型的飘逸和灵动。花织蕾丝面料运用独特设计形式。
面料幅宽：144cm、150cm或165cm。
基本的估算方法：裙长＋缝份5cm，如果需要对花、对格子时应当追加适当的量 |

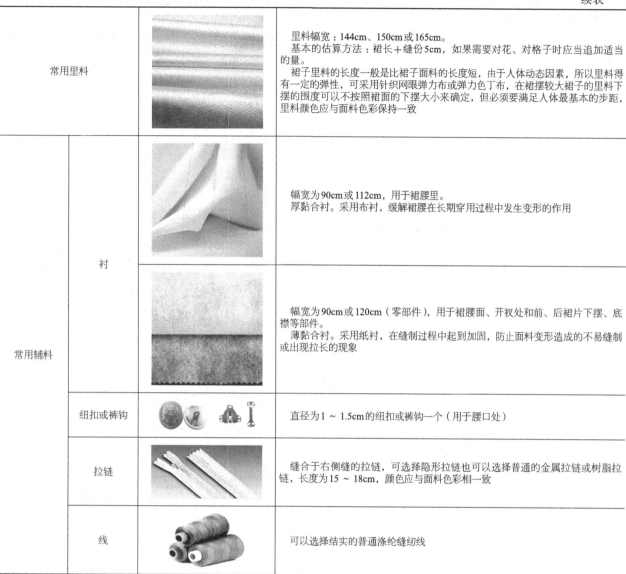

常用里料		里料幅宽：144cm、150cm或165cm。 基本的估算方法：裙长＋缝份5cm，如果需要对花、对格子时应当追加适当的量。 裙子里料的长度一般是比裙子面料的长度短，由于人体动态因素，所以里料得有一定的弹性，可采用针织网眼弹力布或弹力色丁布，在裙摆较大裙子的里料下摆的围度可以不按照裙面的下摆大小来确定，但必须要满足人体最基本的步距，里料颜色应与面料色彩保持一致
常用辅料	衬	幅宽为90cm或112cm，用于裙腰里。 厚黏合衬。采用布衬，缓解裙腰在长期穿用过程中发生变形的作用
		幅宽为90cm或120cm（零部件），用于裙腰面、开衩处和前、后裙片下摆、底襟等部件。 薄黏合衬。采用纸衬，在缝制过程中起到加固，防止面料变形造成的不易缝制或出现拉长的现象
	纽扣或裤钩	直径为1～1.5cm的纽扣或裤钩一个（用于腰口处）
	拉链	缝合于右侧缝的拉链，可选择隐形拉链也可以选择普通的金属拉链或树脂拉链，长度为15～18cm，颜色应与面料色彩相一致
	线	可以选择结实的普通涤纶缝纫线

（三）宽松裙结构制图

1. 制定宽松裙成衣尺寸

按照所需要的人体尺寸，先制定出一个尺寸表，这里按照我国服装规格160/68A作为参考尺寸，举例说明，见表5-9。

表5-9　宽松裙成衣规格

单位：cm

名称 规格	裙长	腰围	（臀围）	腰长	下摆大	腰头宽
尺寸	60	70	94	18～20	224	3

2. 宽松裙裁剪制图

宽松裙的结构是在适身裙的基础上转移臀腰差量增加裙下摆的宽度来完成的纸样，宽松裙结构属于裙型结构中典型的基本纸样，其款式的基本特征如图5-25所示。

宽松裙裙摆大于半宽松裙，裙摆呈小波浪型状态，结构设计的方法是在原型裙结构基础上把臀腰差量以省的形式均匀分布在腰口线上，将前后腰口全部省道按照半宽松裙的切展原理合并，对应省道的下摆自然张开，臀围略有增大。同时，为了使整体造型美观，可适当增加侧缝量，这时的腰口弧线会随着裙下摆放量的增大，裙摆越大，扇形的变化越大，腰省自然消失。从裙子的侧缝线上看，裙摆越大，侧缝线的弧度越小，且趋于直线。

从中我们可以得出，裙摆是受腰省的制约，实质上是受腰口线的制约，即腰口线曲度越大，裙摆的量越大，如图5-26所示。

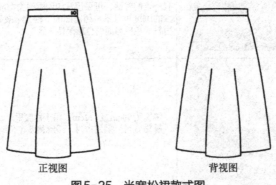

正视图　　　　　　　　背视图

图5-25　半宽松裙款式图

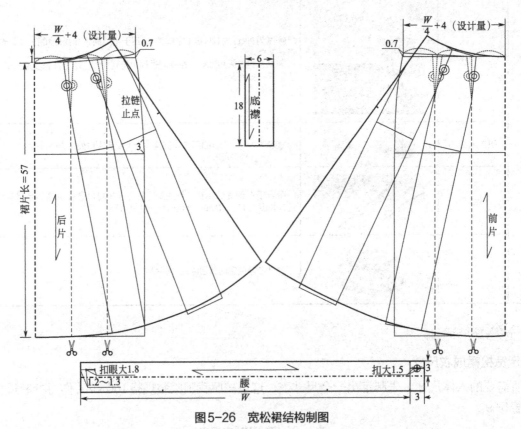

图5-26　宽松裙结构制图

六、半圆裙

（一）款式说明

1. 款式特征

半圆裙款式的腰部既不收省也不打褶裥，是利用面料的斜丝绺裁制而成的喇叭裙，是精致独特的款式。穿着舒适，能充分显示身材的优点，适合每个季节穿用，可搭配不同款式的上装，来展现女性的不同风格美，如图5-27所示。

（1）裙身构成

裙身前、后片均为整体的两片裙身结构，腰部以下呈现出自然的波浪褶。

（2）裙里

根据款式的需求、裙面的厚薄以及透明度等，对裙里的要求也不同，一般裙里的长度长至膝盖，并且具有一定的弹性，围度方向要满足人体的步距。

（3）腰

绱腰头，左侧或右侧前片压后片，要根据个人习惯，通常欧洲的服装习惯是左侧穿脱，我国习惯右侧穿脱，在腰头处锁扣眼，装纽扣。

（4）拉链

缝合于裙子侧缝，装普通树脂或金属拉链，目前多采用隐性拉链。

（5）纽扣

纽扣用于腰口处。

2. 款式重点

半圆裙已不需要臀围的测定值，在保证腰围长度不变的情况下，直接采用几何方法进行设计（此方法在基础裙型设计实例中讲解），从而达到成品裙型的美观效果。

（1）腰口结构设计

半圆裙的腰口结构设计的处理方法直接采用比例计算法，无需考虑腰臀差量的需求。

（2）裙摆阔度结构设计

半圆裙裁剪最科学和简单的方法是用求圆弧的半径公式，即确定腰围半径求裙腰线的弧长。半圆裙的腰围半径＝周长/π和周长/2π。如果把周长理解为腰围（W），π为定量，则半圆裙的腰围半径分别是$R=W/\pi$，以此公式所得半径作圆，并交于以圆心作的十字线，该线所分割的1/4圆弧就是整圆的1/4腰线。最后确定裙片长、前后中心线并做裙摆线。从通过几何方法求得的整圆裙和半圆裙的结构来看，最能说明制约裙摆的决定因素在于腰线曲度这一原理。

（二）面料、里料、辅料的准备

制作一条裙子首先要先了解和购买裙子的面料、里料和辅料，下面将详细介绍面辅料的选择、用量以及数量，见表5-10。

图5-27　半圆裙效果图

表5-10　半圆裙面料、里料、辅料的准备

常用面料		在面料的选择上范围较广，如柔软型面料一般较为轻薄、悬垂感好，造型线条光滑，服装轮廓自然舒展，主要包括织物结构疏散的针织面料、丝绸面料以及软薄的麻纱面料等。丝绸、麻纱等面料则多见松散型和有褶裥效果的造型，表现面料线条的流动感。雪纺、乔其纱、涤棉等，根据穿着者需求不同可选用各种档次的面料。 面料幅宽：144cm、150cm或165cm。 基本的估算方法：裙长＋缝份5cm，如果需要对花对格子时应当追加适当的量
常用里料		里料幅宽：144cm、150cm或165cm。 基本的估算方法：裙长＋缝份5cm，如果需要对花对格子时应当追加适当的量。 裙子里料的长度一般是比裙子面料的长度短，由于人体动态因素，所以里料得有一定的弹性，可采用针织网眼弹力布或弹力色丁布，在裙摆较大裙子的里料下摆的围度可以不按照裙面的下摆大小来确定，但必须要满足人体最基本的步距，里料颜色应与面料色彩保持一致

续表

常用辅料	衬		幅宽为90cm或112cm，用于裙腰里。 厚黏合衬。采用布衬，缓解裙腰在长期穿用过程中发生变形的作用
			幅宽为90cm或120cm（零部件），用于裙腰面、开衩处和前、后裙片下摆、底襟等部件。 薄黏合衬。采用纸衬，在缝制过程中起到加固，防止面料变形造成的不易缝制或出现拉长的现象
	纽扣或裤钩		直径为1～1.5cm的纽扣或裤钩一个（用于腰口处）
	拉链		缝合于右侧缝的拉链，可选择隐形拉链也可以选择普通的金属拉链或树脂拉链，长度为15～18cm，颜色应与面料色彩相一致
	线		可以选择结实的普通涤纶缝纫线

（三）半圆裙结构制图

1. 制定半圆裙成衣尺寸

按照所需要的人体尺寸，先制定出一个尺寸表，这里按照我国服装规格160/68A作为参考尺寸，举例说明，见表5-11。

表5-11 半圆裙成衣规格　　　　　　　　　　　　　　单位：cm

名称 规格	裙长	腰围	下摆大	腰长	下摆大	腰头宽
尺寸	63	70	258	18～20	261	3

2. 半圆裙裁剪制图

半圆裙的结构属于两片宽松型结构中典型的基本纸样之一，其款式的基本特征见图5-28。

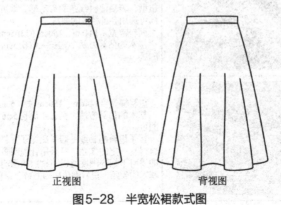

正视图　　　　　　　　背视图

图5-28 半宽松裙款式图

半圆裙腰围尺寸的计算方法是，半圆裙腰围半径要根据圆弧的公式算出，即周长=2πR/2=πR，而半圆裙半径R=W/π=W/3.14≈22.3cm。半圆裙则取1/8圆弧作为腰线。注意腰线后中心处应下降1～1.5cm，以保证裙摆的水平状态。裙片长的确定为从圆心向下量取半径（22.3cm）后，再向下量取裙片长60cm，作为前后中心线，用虚线表示，如图5-29所示。下摆线的确定为连接两个裙长的端点（前后中心线的端点和前后侧缝的端点），用弧线画顺。由于成品裙摆侧缝处为斜纱穿着后容易拉长，因此在制图时，将其消减一定的量。因原料的质地性能不同，下垂即伸长的长度也不一样，因此要酌情消减，一般需在侧缝处消减1～2.5cm，消减后与前后中心线的端点处重新画顺，即确定下摆弧线，见图5-29。

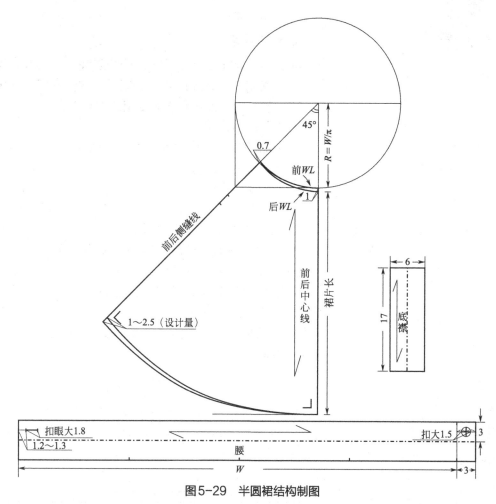

图5-29 半圆裙结构制图

七、全圆裙

（一）款式说明

1. 款式特征

本款女裙流畅的裁剪以及一泻而下形似芭蕾舞蓬蓬裙的下摆会让小腿显得纤细，与收腰的上身形成呼应，让整体比例趋于完美，如图5-30所示。

（1）裙身构成

前、后片均为整体的两片裙身结构，腰部以下呈现出自然的波浪褶。

（2）裙里

根据款式的需求、裙面的厚薄以及透明度等，对裙里的要求也不同，一般裙里的长度长至膝盖，并且具有一定的弹性，围度方向要满足人体的步距。

图5-30　全圆裙效果图

（3）腰

绱腰头，左侧或右侧前片压后片，要根据个人习惯，通常欧洲的服装习惯是左侧穿脱，我国习惯右侧穿脱，在腰头处锁扣眼，装纽扣。

（4）拉链

缝合于裙子侧缝，装普通树脂或金属拉链，目前多采用隐性拉链。

（5）纽扣

纽扣用于腰口处。

2. 款式重点

全圆裙是指裙摆阔度正好是一个整圆，其结构原理可以不需要臀围的测定值，在保证腰围长度不变的情况下，直接采用几何方法进行设计，从而达到成品裙型的美观效果。

（1）腰口结构设计

全圆裙的腰口结构设计的处理方法直接采用比例计算方法，无需考虑腰臀差量的需求。

（2）裙摆阔度结构设计

全圆裙的裙摆结构设计最科学的方法是用求圆弧的半径公式，即确定腰围半径求裙腰线的弧长。全圆裙的腰围半径=周长/2π，如果把周长理解为腰围，π为定量，则全圆裙的腰围半径是=/2π，以此公式所得半径画圆，并交于以圆心作的十字线，该线所分割的1/4圆弧就是整圆1/4腰线。最后确定裙片长、前后中心线并作裙摆线。从通过几何方法求得的整圆裙和半圆裙的结构来看，最能说明制约裙摆的决定因素在于腰线曲度这一原理。

（二）面料、里料、辅料的准备

制作一条裙子首先要先了解和购买裙子的面料、里料和辅料，下面将详细介绍面、辅料的选择、用量以及数量，见表5-12。

表5-12　全圆裙面料、里料、辅料的准备

常用面料		在面料的选择上，选择范围较广，疏松柔软的、较厚的面料均可。比如柔软型面料一般较为轻薄、悬垂感好，造型线条光滑，服装轮廓自然舒展。柔软型面料主要包括织物结构疏散的针织面料、丝绸面料以及软薄的麻纱面料等。再者除柔软裙料之外还有身骨挺括，富有弹性的面料，如各色薄型毛料、涤毛混纺料、中长花呢、纯涤纶花呢、针织涤纶面料、罗缎等，根据穿着者需求不同可选用各种档次的面料。全圆裙形成的自然波浪焕发出前所未有的生命力，它既能充分展示面料的特性，又有美化与装饰人体的双重功能而长久不衰。 面料幅宽：144cm、150cm或165cm。 基本的估算方法：裙长＋缝份5cm，如果需要对花、对格子时应当追加适当的量
常用里料		里料幅宽：144cm、150cm或165cm。 基本的估算方法：裙长＋缝份5cm，如果需要对花、对格子时应当追加适当的量。 裙子里料的长度一般是比裙子面料的长度短，由于人体动态因素，所以里料得有一定的弹性，可采用针织网眼弹力布或弹力色丁布，在裙摆较大裙子的里料下摆的围度可以不按照裙面的下摆大小来确定，但必须要满足人体最基本的步距，里料颜色应与面料色彩保持一致

续表

常用辅料	衬		幅宽为90cm或112cm，用于裙腰里。 厚黏合衬。采用布衬，缓解裙腰在长期穿用过程中发生变形的作用
			幅宽为90cm或120cm（零部件），用于裙腰面、开衩处和前、后裙片下摆、底襟等部件。 薄黏合衬。采用纸衬，在缝制过程中起到加固，防止面料变形造成的不易缝制或出现拉长的现象
	纽扣或裤钩		直径为1～1.5cm的纽扣或裤钩一个（用于腰口处）
	拉链		缝合于右侧缝的拉链，可选择隐形拉链，也可以选择普通的金属拉链或树脂拉链，长度为15～18cm，颜色应与面料色彩相一致
	线		可以选择结实的普通涤纶缝纫线

（三）全圆裙结构制图

1. 制定全圆裙成衣尺寸

按照所需要的人体尺寸，先制定出一个尺寸表，这里按照我国服装规格160/68A作为参考尺寸，举例说明，见表5-13。

表5-13　全圆裙成衣规格　　　　　　　　　　　　　　　　　　单位：cm

名称 规格	裙长	腰围	腰长	下摆大	腰头宽
尺寸	63	70	18～20	456	3

2. 全圆裙结构制图

全圆裙结构裙子属于两片宽松型结构中典型的基本纸样之一，其款式的基本特征，见图5-31。

全圆裙腰围尺寸的计算方法是，确定圆弧半径且做圆。全圆裙半径要根据圆弧的公式算出，周长$=2\pi R$，而全圆裙半径$R=W/2\pi=W/2\times3.14\approx11.3$cm，取1/4圆弧作为腰线。注意腰线后中心处应下降1～1.5cm，以保证裙摆的水平状态；裙片长的确定为从圆心向下量取半径（11.3cm）后，再向下量取裙片长60cm，作为前后中心线，用虚线表示；下摆线的确定为连接两个裙长的端点（前后中心线的端点和前后侧缝的端点），用弧线画顺，如图5-32所示。

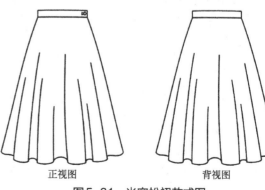

正视图　　　　　　　背视图

图5-31　半宽松裙款式图

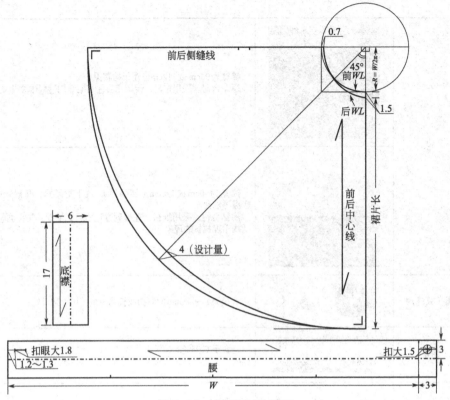

图5-32 全圆裙结构制图

修正下摆所形成的长度   未修正下摆所形成的长度

图5-33 面料纱向的不同导致下摆长短不同

需要注意的是面料纱向的不同会导致下摆长短不同。

由于裙摆在达到45°角度时纱向为斜纱，在成衣穿着后容易悬垂拉长，因此在制图时，必要时（皮革等无悬垂性的面料无需考虑）将其去掉一定的长度量，因原料的质地性能不同，下垂即伸长的长度也不一样，因此要酌情消减，一般悬垂性较小的面料如呢料或较厚的毛料需在45°角度处消减3～5cm，悬垂性大的面料如雪纺、色丁等较薄的面料需在45°角度处消减6～10cm，而且在穿着的过程中也会由于斜纱的因素继续变长，形成下摆长度不同的状态，消减后与前后中心线的端点以及前后侧缝线的端点相连，重新画顺，即确定下摆弧线，如图5-33所示。

第二节　省道裙子裁剪纸样绘制

裙子分类的形式有很式，及本书主要从裙子的款式特点上进行分类，并将其进行逐一说明。
省道裙子裁剪实例

一、横向变化省道裙子

本款裙型为省道裙变化裙型，款式的造型属于基本裙型中的半宽松裙（A字裙），裙子的外廓型上窄下宽，不仅可以衬托腰身，同时可以修饰腿形。这款裙子腰部合身的结构，可勾勒出女性美妙的曲线。裙片的省道变化独特，按照人体特征顺势而成，既满足了合体的结构要求，又构成了巧妙的装饰设计，如图5-34所示。

（一）横向变化省裙款式说明

本款女裙款式较合体，舒适大方，在裙子前后片左右侧缝处各收1个既有装饰性又有功能性的省，是将裙腰部的省量转移至侧缝省所形成的状态。从外形看，呈A字型，更能体现女性的柔美。这种裙子可分别用作单件的或用作裙套装的裙子款式。

1. 款式特征

（1）裙身构成
两片裙身结构，裙子外形呈A字型。
（2）腰
前腰收两个腹省，后腰收两个臀省，绱腰头，左侧或右侧前片压后片，在腰头处锁扣眼，装纽扣。
（3）拉链
拉链装于侧缝，缝合于裙子左侧缝，装普通树脂或金属拉链，目前多采用隐性拉链。
（4）纽扣
纽扣用于腰口处。

2. 款式重点

该款裙子的重点是腰口的省道结构设计。在本款的横向变化省裙的结构变化中，结构的重点变化为腰部的省的变化，通常为了解决人体的腰围和臀围的差量，将省量自然设计在腰部，本款的设计是将腰部的省量转移到了侧缝上，改变了常见的裙腰省的形态，采用的方法是省道的合并转移，实际就是在侧缝线上按照款式设计位置将省的位置剪开，将腰部的省捏合处理，形成的侧缝省的变化。

（二）面料、里料、辅料的准备

裙子面料、里料和辅料的选择、用量以及数量见表5-14。

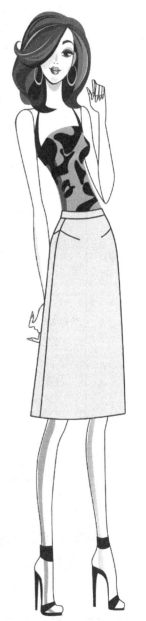

图5-34　横向变化省裙效果图

表5-14　横向变化省裙面料、里料、辅料的准备

常用面料		在面料的选择上，可选择制作西服所需的驼丝锦、贡丝锦，也可以选用哔叽、凡立丁、格呢均可质地柔软兼具款型性的面料，造型线条光滑，服装轮廓自然舒展，根据身份不同可选用各种档次的面料。 面料幅宽：144cm、150cm或165cm。 基本的估算方法：裙长＋缝份5cm，如果需要对花、对格子时应当追加适当的量
常用里料		里料幅宽：144cm、150cm或165cm。 基本的估算方法：裙长＋缝份5cm，如果需要对花、对格子时应当追加适当的量
常用辅料	衬	幅宽为90cm或112cm，用于裙腰里。 厚黏合衬。采用布衬，缓解裙腰在长期穿用过程中发生变形的作用
		幅宽为90cm或120cm（零部件），用于裙腰面、开衩处和前、后裙片下摆、底襟等部件。 薄黏合衬。采用纸衬，在缝制过程中起到加固，防止面料变形造成的不易缝制或出现拉长的现象
	纽扣或裤钩	直径为1～1.5cm的纽扣或裤钩一个（用于腰口处）
	拉链	缝合于右侧缝的拉链，可选择隐形拉链也可以选择普通的金属拉链或树脂拉链，长度为15～18cm，颜色应与面料色彩相一致
	线	可以选择结实的普通涤纶缝纫线

（三）横向变化省道裙结构制图

1.制定横向变化省道裙成衣尺寸

按照所需要的人体尺寸，先制定出一个尺寸表，这里按照我国服装规格160/68A作为参考尺寸，举例说明，见表5-15。

表5-15　横向变化省裙成衣规格　　　　　　　　　　　　　　单位：cm

名称 规格	裙长	腰围	臀围	下摆大	腰长	腰头宽
160/68A（M）	60	70	96	106	18～20	3

2. 横向变化省道裙裁剪制图

本款裙子款式的造型属于基本裙型中的半宽松裙（A字裙）的典型的基本纸样，其款式的基本特征，见图5-35制图要点和制图步骤见图5-36。横向分割裙结构属于两片合体型结构的基本纸样，是在A字裙的基础上，将腰口处的省量转移至侧缝省的结构裙型，结构设计的方法是在原型裙结构基础上把臀腰差量以省的形式均匀分布在腰口线上，本款将前片腰口的省量进行捏合转移至侧缝省上，并将腰口处、侧缝处修顺，腰口曲线弧度符合腰腹的人体形态，如图5-37所示。

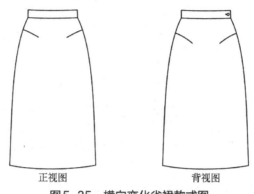

正视图　　　　　背视图

图5-35　横向变化省裙款式图

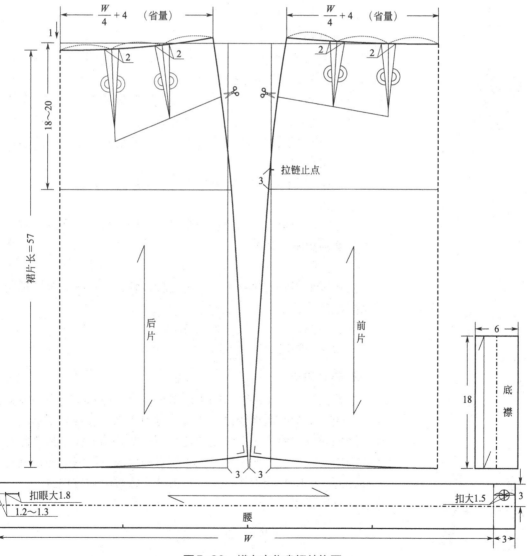

图5-36　横向变化省裙结构图

079

在进行省位转移设计时要遵循合体、实用功能和形式美的综合造型原则，另外要注意采用较为挺括的素色面料，避免柔软飘逸的花色面料破坏拼接后的线条效果。

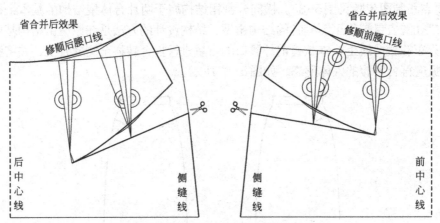

图5-37　横向变化省裙臀腰差量解决方法

二、前中心线省道裙子

（一）前中心线省道裙款式说明

1. 款式特征

本款裙型为省道裙变化裙型，从外观造型上来看，呈现A型，下摆略有外放，款式的造型属于基本裙型中的半宽松裙（A字裙），裙子的外廓型上窄下宽，款式较为的合体、美观而又舒适大方，在裙子前片的中心线处设一个横向功能性省线，使腰部更显纤细，省的独特设计成为视觉中心，这种裙子可以作为单件或者是套装裙子的基本款式，如图5-38所示。

（1）裙身构成

本款裙型为两片式裙身基本结构，前后各一片。

（2）腰

前腰收两个腹省，后腰收一个臀省，绱腰头，左侧或右侧前片压后片在腰头处锁扣眼，装纽扣。

（3）拉链

拉链装于侧缝，缝合于裙子左侧缝，装普通树脂或金属拉链，目前多采用隐性拉链。

（4）纽扣

纽扣用于腰口处。

2. 款式重点

本款裙子的重点是腰口的省道结构设计。在本款前中心线省道裙的结构变化中，结构的重点变化为腰部的省的变化，通常为了解决人体的腰围和臀围的差量，将省量自然设计在腰部，本款的设计是将腰部的省量转移到了前中心线上，改变了常见的裙腰省的形态，采用的方法是省道的合并转移，即在前中心线上将省的位置剪开，将腰部的省捏合处理，形成的前中心线省的变化。

（二）面料、里料、辅料的准备

本款裙子常使用的面、辅料的选择用量以及数量见表5-16。

图5-38　前中心线省道裙效果图

表5-16　前中心线省道裙面料、里料、辅料的准备

常用面料		在面料的选择上，可选择制作西服所需的驼丝锦、贡丝锦，也可以选用哔叽、凡立丁、格呢均可质地柔软兼具款型性的面料，造型线条光滑，服装轮廓自然舒展，根据身份不同可选用各种档次的面料。 　　面料幅宽：144cm、150cm或165cm。 　　基本的估算方法：裙长＋缝份5cm，如果需要对花、对格子时应当追加适当的量
常用里料		里料幅宽：144cm、150cm或165cm。 　　基本的估算方法：裙长＋缝份5cm，如果需要对花、对格子时应当追加适当的量
常用辅料 / 衬		幅宽为90cm或112cm，用于裙腰里。 　　厚黏合衬。采用布衬，缓解裙腰在长期穿用过程中发生变形的作用
		幅宽为90cm或120cm（零部件），用于裙腰面、开衩处和前、后裙片下摆、底襟等部件。 　　薄黏合衬。采用纸衬，在缝制过程中起到加固，防止面料变形造成的不易缝制或出现拉长的现象
纽扣或裤钩		直径为1～1.5cm的纽扣或裤钩一个（用于腰口处）
拉链		缝合于右侧缝的拉链，可选择隐形拉链，也可以选择普通的金属拉链或树脂拉链，长度为15～18cm，颜色应与面料色彩相一致
线		可以选择结实的普通涤纶缝纫线

（三）前中心线省道裙结构制图

1. 制定前中心线省道裙成衣尺寸

　　按照所需要的人体尺寸，先制定出一个尺寸表，这里按照我国服装规格160/68A作为参考尺寸，举例说明，见表5-17。

表5-17　前中心线省道裙成衣规格　　　　　　　　　　　　　　　　　　　　单位：cm

规格＼名称	裙长	腰围	臀围	下摆大	腰长	腰头宽
160/68A（M）	60	70	94	102	18～20	3

2. 前中心线省道裙裁剪制图

本款裙子为前中心线省道裙，本款裙子结构设计的重点是横向省道结构设计，裙子的横向功能性装饰线位置的确定应根据人体的体态需求，设定腹凸相应部位，方法是将腰部的竖向省量移至前中心线，形成横向省道造型，这些省既起到了装饰性作用，又起到了功能性作用，最终完成款式图设计所需达到的效果，如图5-39所示。

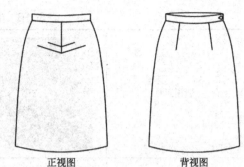

正视图　　　　　　背视图

图5-39　前中心线省道裙款式图

裙子的结构设计的重点是横向省道结构的设计，在前裙片原型中将两个省转移给通向前中心线的横向省道线基本造型纸样绘制之后，就要依据生产要求对纸样进行结构处理图的绘制，如图5-40所示。修正纸样，修顺腰线完成结构处理图，其基本省道的操作方法可参照结构处理图，如图5-41所示。

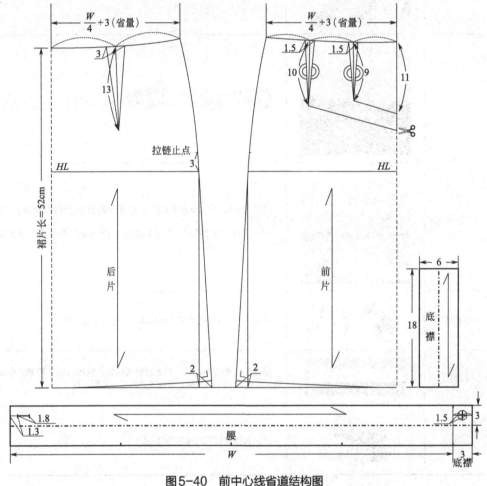

图5-40　前中心线省道结构图

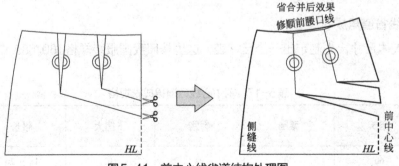

图5-41　前中心线省道结构处理图

三、曲线省道裙子

（一）曲线省道裙款式说明

1. 款式特征

本款裙型为省道裙变化裙型，从外观造型上来看，呈现紧身型，款式的造型属于基本裙型中的紧身裙（一步裙），基本的处理方式是将下摆略内收，前后中无破缝，两侧侧缝处设计出功能性开衩，款式合体、美观而又舒适大方，在裙子前片侧缝处从侧缝至腹部的曲线形腹省。在裙子后片下摆处设一个从下摆线至臀部的曲线形臀省，省的独特设计成为视觉中心。这种裙子可以作为单件或者是套装裙子的基本款式，如图5-42所示。

（1）裙身构成

本款裙型为两片式裙身基本结构，前后各一片。

（2）腰

腰部无省，绱腰头，左侧或右侧前片压后片，在腰头处锁扣眼，装纽扣。

（3）拉链

拉链装于侧缝，缝合于裙子左侧缝，装普通树脂或金属拉链，目前多采用隐性拉链。

（4）纽扣

纽扣用于腰口处。

2. 款式重点

本款裙装前片侧缝弧形省道，后片下摆弧形省道裙，结构的重点变化为腰部的省的变化。通常为了解决人体的腰围和臀围的差量，将省量自然设计在腰部，本款的设计是将前腰部的省量转移到了前片侧缝线上，后腰部的省量转移到了后片下摆线上，改变了常见的裙腰省的形态，采用的方法是省道的合并转移，实际就是在前片侧缝线上将省的位置剪开，将腰部的省捏合处理，形成的侧缝省的变化。在后片下摆线上将省的位置剪开，将腰部的省捏合处理，形成的后片下摆省的变化。

下摆的设计要考虑下摆行走的裙摆尺度，本款是在两侧侧缝处设计出功能性开衩。

（二）面料、里料、辅料的准备

裙子的面料、里料和辅料的选择、用量以及所使用的辅料的数量见表5-18。

图5-42　曲线省道裙效果图

表5-18　曲线省道裙面料、里料、辅料的准备

| 常用面料 | 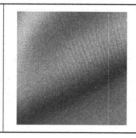 | 在面料的选择上，可选择制作西服所需的驼丝锦、贡丝锦，也可以选用哔叽、凡立丁、格呢均可质地柔软兼具款型性的面料，造型线条光滑，服装轮廓自然舒展，根据穿着者需求不同可选用各种档次的面料。
面料幅宽：144cm、150cm或165cm。
基本的估算方法：裙长＋缝份5cm，如果需要对花对格子时应当追加适当的量 |

续表

常用里料		里料幅宽：144cm、150cm或165cm。 基本的估算方法：裙长+缝份5cm，如果需要对花对格子时应当追加适当的量
常用辅料	衬	幅宽为90cm或112cm，用于裙腰里。 厚黏合衬。采用布衬，缓解裙腰在长期穿用过程中发生变形的作用
		幅宽为90cm或120cm（零部件），用于裙腰面、开衩处和前、后裙片下摆、底襟等部件。 薄黏合衬。采用纸衬，在缝制过程中起到加固，防止面料变形造成的不易缝制或出现拉长的现象
	纽扣或裤钩	直径为1～1.5cm的纽扣或裤钩一个（用于腰口处）
	拉链	缝合于右侧缝的拉链，可选择隐形拉链也可以选择普通的金属拉链或树脂拉链，长度为15～18cm，颜色应与面料色彩相一致
	线	可以选择结实的普通涤纶缝纫线

（三）曲线省道裙结构制图

1. 制定曲线省道裙成衣尺寸

按照所需要的人体尺寸，先制定出一个尺寸表，这里按照我国服装规格160/68A作为参考尺寸，举例说明，见表5-19。

表5-19　曲线省道裙成衣规格　　　　　　　　　　　　　　　　　　　　单位：cm

规格 ╲ 名称	裙长	腰围	臀围	下摆大	腰长	腰头宽
160/68A（M）	60	70	94	90	18～20	3

2. 曲线省道裙裁剪制图

本款裙子为曲线省道裙，本款裙子的结构设计的重点曲线省道结构设计，裙子的曲线功能性装饰线位置的确定应根据人体的体态需求，设定在臀凸和腹凸相应部位，方法是将原型中竖向解决臀腰差的省量用曲线造型移至前侧缝线和后下摆线，形成曲线省道造型，这些省既起到了装饰性作用，又起到了功能性作用，最终完成款式图设计所需达到的效果，如图5-43所示。

正视图　　　　　　　　背视图

图5-43　曲线省道裙款式图

　　本款为两片式紧身裙，在下摆线上由侧缝内收1cm，形成紧身下摆造型，如图5-44所示。该款式的结构重点为曲线省道，设计方法是进行省量结构转换变化。在后裙片按照款式图设计确定出后片省线的位置，确定省尖点，在后腰线上由后腰节点向侧缝方向取6cm，作垂线至臀围线，在该线上由臀围线向腰线方向确定出8cm点，为省尖点。将后片下摆线平分为4等份，由省尖点与下摆线靠近侧缝的1/4点连出后片省线，将腰部省量转移至通向下摆线的曲线省道线。在前裙片按照款式图设计确定出前片省线的位置，确定省尖点，在前腰线上由前腰节点向侧缝方向取6cm，作垂线至臀围线，在该线上由臀围线向腰线方向确定出10cm点，为省尖点，将前片前中心线平分为4等份，靠近下摆线的1/4点做水平线交与侧缝线，由省尖点与侧缝交点连线绘制出前片省线，将腰部省量转移转移至通向侧缝线的曲线省道线，如图5-44所示。

　　下摆侧缝处设有功能性开衩，开衩大小与高度以不影响人体的正常步距为基准，在前、后侧缝线由下摆线向腰线方向取开衩长12cm（设计量），开衩宽度2.5cm，最后绘制出底襟和裙腰，本款裙型结构较为简单，故具体操作步骤如图5-44所示。

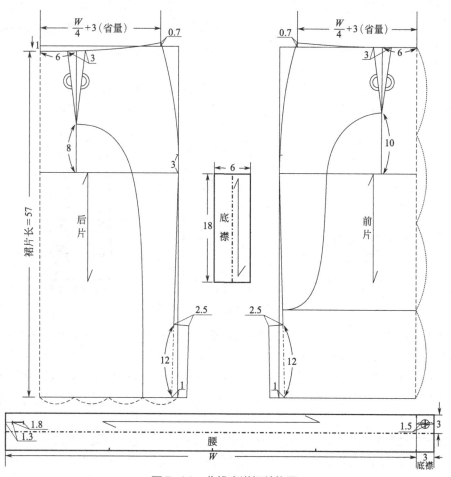

图5-44　曲线省道裙结构图

基本造型纸样绘制完之后，就要依据生产要求对纸样进行结构处理图的绘制，将后裙片省道合并转移至下摆线。前裙片省道合并转移至侧缝线，最后修正纸样完成制图，其基本省道的操作方法可参照结构处理图，如图5-45所示。

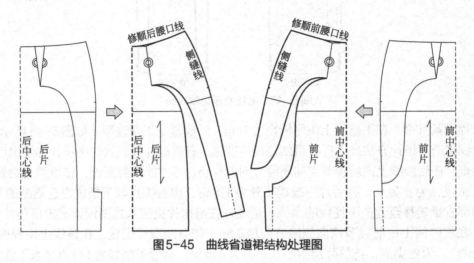

图5-45 曲线省道裙结构处理图

第三节 分割线裙子裁剪纸样绘制

裙装中的分割线包括各种育克线、底摆线、垂直分割线、曲线分割线、褶皱、袋口线等。分割线能引起人视线左右横向移动，具有强调宽度的作用，在服装上表现的是一种舒展平和、安静沉稳和庄重的静态美。分割线之间相互配合，会形成富有律动感的变化，所以服装中常使用分割线作为装饰线并以镶边、嵌条、缀花边、加荷叶边、压明线等方法强调。

常见的分割线裙子分装饰分割线、结构分割线、结构装饰分割线三类。

① 装饰分割线如图5-46所示，分割线在裙子的设计中仅仅起到的是装饰作用。

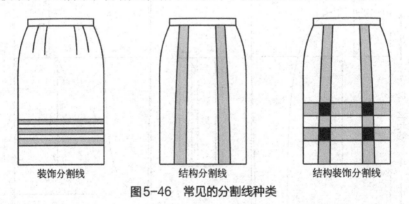

装饰分割线　　　　结构分割线　　　　结构装饰分割线

图5-46 常见的分割线种类

② 结构分割线如图5-46所示，分割线在裙子的设计中起到的是将腰部的臀腰差量由分割线中消减掉，不仅起到装饰作用而且起到结构功能作用。

③ 结构装饰分割线形式如图5-47所示，裙子的垂直分割线在设计中起到的是将腰部的臀腰差量由分割线中消减掉的作用，裙子的水平分割线在设计中起到的是装饰的效果，垂直分割线与水平分割线的组合美观且兼具功能性。

与人体有设计关系的是结构分割线，结构分割裙结构设计应尽量使造型平整，通常分在臀腰差的处理上，应均匀分配在分割线中，人体的体型特征是服装的分割线及其制图的依据。因此，分割造型设计的原则应符合以下几方面。

① 分割线设计要以结构的基本功能，即穿着舒适、方便，造型美观为前提。

② 水平分割线，特别是在臀部、腹部的分割线（也称为育克线），要以凸点为确定位置。在其他部位可以依据合体、运动和形式美的综合造型原则去设计。

③ 垂直分割线与人体凹凸点不发生明显偏差的基础上，尽量保持平衡，使余缺处理和造型在分割中达到结构的统一。

④ 斜向分割线可利用面料的纱向变化解决臀腰差。

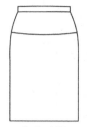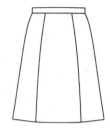

水平分割线　　　　　　　垂直分割线　　　　　　　斜向分割线

图5-47　常见的结构分割线形式

一、水平分割线裙

水平分割裙通常是指裙子的育克设计，即在臀腰部或下摆部进行的断缝结构设计，以保持裙子腹部造型合体和下摆行走的裙摆尺度，以展现女性臀腰曲线魅力为最大目的。

常用的水平分割裙分为解决臀腰差的水平分割线、解决下摆尺度的水平分割线、组合水平分割线三类。

解决臀腰差的水平分割线——腹部或臀部水平分割线，如图5-48所示。

解决下摆尺度的水平分割线——裙摆水平分割线，如图5-49所示。

组合水平分割线——既解决臀腰差又解决下摆尺度的水平分割线，如图5-50所示。

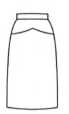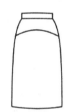

图5-48　解决臀腰差的水平分割线

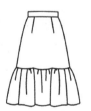

图5-49　解决下摆尺度的水平分割线

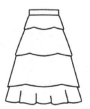

图5-50　组合水平分割线

（一）腹臀部水平分割线裙

1.腹臀部水平分割线裙款式说明

（1）款式特征

本款裙型较为合体，且较为时尚，同样也是比较有设计感的一款横向分割裙型，没有什么过分的年龄限制，面向的人群范围比较广，很大众化。从本款裙型的外观上分析，呈A形，更能够充分体现出人体的曲线美，从裙子的内在细节分析，这是一款很新颖的横向分割裙型，将裙腰部的省量转移至腹部和臀部所形成的状态，没有过多的设计，简洁明了，独特的腹部分割和臀部分割设计为此款增加了很多耀眼的光彩，让穿着者更有女人味，这种裙子可以作单件或者也可以作为套装的裙子款式来穿，如图5-51所示。

① 裙身构成：本款裙型为两片式裙身基本结构，前后各一片。

② 腰：腰部无省，绱腰头，左侧或右侧前片压后片，且在腰头处锁扣眼，装纽扣。

③ 拉链：拉链装于侧缝，缝合于裙子左侧缝，装普通树脂或金属拉链，目前多采用隐性拉链。

④ 纽扣：纽扣用于腰口处。

（2）腹臀部水平分割线裙设计的原理分析

横向分割裙的设计应以穿着舒适、方便、造型美观这一结构的基本功能为前提。在腰腹部结构设计上应以凸点为确定位置，如臀部、腹部，其他部位可依据合体、运动和形式美原则灵活设计。

① 腹凸的省移：通常裙子有两个腹省，省尖分布在中腰线上。因此，省位可以沿中腰线（腹围线）排列。换句话说，作用腹凸的省或结构线，可以沿中腰线选择，同时选择的每一个省又可以作省移，可见腹凸的省设计范围极为广泛。最常用的是把省变成横向断缝结构，这就是腰腹育克的设计。表面上看像是装饰线，实际它起到合体的作用。要注意的是，在设计育克线时，要通过省尖或接近省尖，即使在设计时没有与省尖重合，在省移之前也要把省尖并入断线里，这样可以保证移省之后，改变一条断缝线形状时长度不变，可见育克线位置的设定依据是凸点。

图5-51 腹臀部水平分割裙效果图

② 臀凸的省移：臀凸省移的应用范围和腹凸相似，因为它们的基本条件相似，都是两个省，省量相同，凸点分布相似，所不同的是臀部的凸点要比腹部的凸点略低，因而决定了臀省略长于腹省。因此，在同时设计前后育克时，腹部育克线比臀部育克线略高，若前后育克线对接时，应成前高后低的斜线断缝结构。综上所述，基本纸样的凸点射线与省移原理，在纸样设计中的运用非常广泛。然而，对于服装造型本身，凡是要使平面变成立体结构的处理，同样适用这个原理。可以断言，在服装造型中，没有省就没有结构；没有省移，就没有结构设计。无论是贴身造型，还是宽松造型；无论是带有功能性的褶，还是表现装饰性的分割、披挂，都或多或少、直接或间接地应用着这一原理。

2.面料、里料、辅料的准备

裙子面料、里料和辅料的选择、用量以及辅料的数量见表5-20。

表5-20 腹臀部水平分割线裙面料、里料、辅料的准备

常用面料		在面料的选择上，选择范围较广，疏松柔软的，较厚的、较薄的原料均可。比如柔软型面料一般较为轻薄、悬垂感好，造型线条光滑，服装轮廓自然舒展。柔软型面料主要包括织物结构疏散的针织面料和丝绸面料以及软薄的麻纱面料等；还有雪纺、乔其纱、涤棉、灯芯绒等。 面料幅宽：144cm、150cm或165cm。 基本的估算方法：裙长＋缝份5cm，如果需要对花对格子时应当追加适当的量

续表

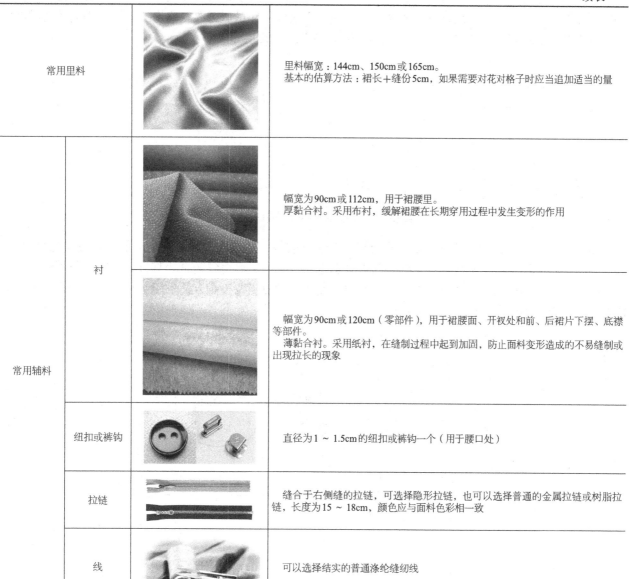

常用里料		里料幅宽：144cm、150cm或165cm。 基本的估算方法：裙长+缝份5cm，如果需要对花对格子时应当追加适当的量
常用辅料	衬	幅宽为90cm或112cm，用于裙腰里。 厚黏合衬。采用布衬，缓解裙腰在长期穿用过程中发生变形的作用
		幅宽为90cm或120cm（零部件），用于裙腰面、开衩处和前、后裙片下摆、底襟等部件。 薄黏合衬。采用纸衬，在缝制过程中起到加固，防止面料变形造成的不易缝制或出现拉长的现象
	纽扣或裤钩	直径为1～1.5cm的纽扣或裤钩一个（用于腰口处）
	拉链	缝合于右侧缝的拉链，可选择隐形拉链，也可以选择普通的金属拉链或树脂拉链，长度为15～18cm，颜色应与面料色彩相一致
	线	可以选择结实的普通涤纶缝纫线

3. 腹臀部水平分割线裙结构制图

（1）制定腹臀部水平分割线裙成衣尺寸

按照所需要的人体尺寸，先制定出一个尺寸表，这里按照我国服装规格160/68A作为参考尺寸，举例说明，见表5-21。

表5-21　腹臀部水平分割线裙成衣规格　　　　　　　　　　　　　　　　　单位：cm

名称 规格	裙长	腰围	臀围	下摆大	腰长	腰头宽
160/68A（M）	60	70	98	114	18～20	3

（2）腹臀部水平分割线裙裁剪制图

本款裙子为腰部水平分割裙，本款裙子的结构设计的重点水平分割结构设计，裙子的分割线位置的确定应根据人体的体态需求，设定在臀凸和腹凸相应部位，既起到了装饰性作用，又起到了功能性作用，最终完成款式图设计所需达到的效果。本款为两片式前后各一片的A字型裙型基本结构。分割线由腰线经过腹部和臀部而产生的育克结构裙型。此分割形式为典型的功能性分割，其分割的线条采用了曲线的形式。

在进行分割线的设计时应当要遵循功能性与装饰性的综合造型原则，既可以满足功能上的需要又含有装饰性视觉元素，另外要考虑的是该款式要采用挺括的素色面料，尽量避免柔软飘逸的画色面料破坏其拼接后的线条效果，最终完成款式图设计所需达到的效果，如图5-52所示。

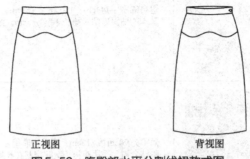

正视图　　　　　　　　　背视图

图5-52　腹臀部水平分割线裙款式图

裙子结构的设计方法为将腰部解决臀腰差所产生的省量，将横向曲线分割线的形式解决到侧缝线上。处理办法是从侧缝，沿着分割线的方向将其剪开至省尖位置，然后将省闭合将其省量转移至分割线相应位置形成育克的分割形式，最后将线条修顺，腰口的曲线弧度应当要符合人体的腰腹基本形态本款裙型结构较为简单，故具体操作步骤如图5-53所示。

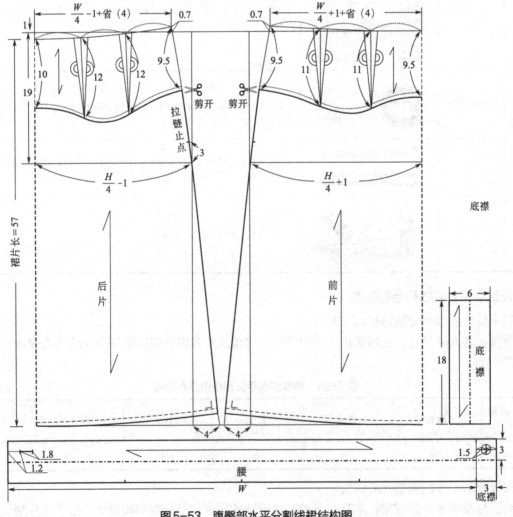

图5-53　腹臀部水平分割线裙结构图

基本造型纸样绘制完成后，就要依据生产要求对纸样进行结构处理图的绘制，复核前、后育克，完成结构处理图，如图5-54、图5-55所示。最后修正纸样，修顺前、后下摆线，完成制图。

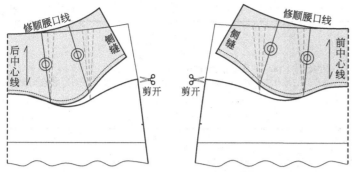

图5-54　腹臀部水平分割线裙育克臀腰差的解决办法

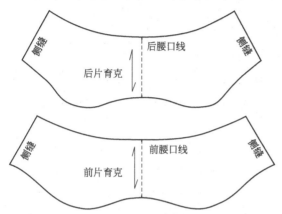

图5-55　腹臀部水平分割线裙前、后育克裁片分割的复合

（二）下摆水平分割裙

1. 下摆水平分割裙款式说明

（1）款式特征

本款采用下摆水平分割结构，造型为A字形，裙下摆是自然的大波浪造型，美观大方，右侧缝装隐形拉链，无腰头的连腰设计，裙长可以根据季节和流行进行调节，如图5-56所示。

① 裙身构成：本款为两片裙身结构，前后各1片，裙子外形呈A字形。

② 腰：腰部前后片分别有两个省，无腰头设计，左侧或右侧前片压后片，要根据个人习惯。

③ 拉链：隐形拉链装于侧缝，缝合于裙子右侧缝。

图5-56　下摆水平分割裙效果图

（2）下摆水平分割裙的原理分析

横向分割裙的设计应以穿着舒适、方便、造型美观这一结构的基本功能为前提；在裙子下摆设计水平分割线的结构，就是要考虑下摆行走的裙摆尺度，本款的裙型是在A型裙的基础上进行的裙子设计，下摆的水平分割在满足步距的需求后，加大的下摆形成的自然褶造型就是款式设计需求了。

2. 面料、里料、辅料的准备

裙子面料、里料和辅料的选择用量以及辅料的数量见表5-22。

表5-22　下摆水平分割裙面料、里料、辅料的准备

| 常用面料 | 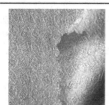 | 在面料的选择上，选择范围较广，疏松柔软的，较厚的、较薄的原料均可。比如柔软型面料一般较为轻薄、悬垂感好，造型线条光滑，服装轮廓自然舒展。柔软型面料主要包括织物结构疏散的针织面料和丝绸面料以及软薄的麻纱面料等。
面料幅宽：144cm、150cm或165cm。
基本的估算方法：裙长＋缝份5cm，如果需要对花、对格子时应当追加适当的量 |

续表

常用里料		里料幅宽：144cm、150cm或165cm。 基本的估算方法：裙长＋缝份5cm，如果需要对花、对格子时应当追加适当的量
常用辅料	衬	幅宽为90cm或112cm，用于裙腰里。 厚黏合衬。采用布衬，缓解裙腰在长期穿用过程中发生变形的作用
		幅宽为90cm或120cm（零部件），用于裙腰面、开衩处和前、后裙片下摆、底襟等部件。 薄黏合衬。采用纸衬，在缝制过程中起到加固，防止面料变形造成的不易缝制或出现拉长的现象
	挂钩	无腰头设计的裙子需要在腰里内部拉链的封口处缝制挂钩一个（用于腰口处）
	拉链	缝合于右侧缝隐形拉链，长度为15～18cm，颜色应与面料色彩相一致
	线	可以选择结实的普通涤纶缝纫线

3. 下摆水平分割裙结构制图

（1）制定腹臀部水平分割裙成衣尺寸

按照所需要的人体尺寸，先制定出一个尺寸表，这里按照我国服装规格160/68A作为参考尺寸，举例说明，见表5-23。

表5-23　下摆水平分割裙成衣规格　　　　　　　　　　　　　　　　　　　　　　单位：cm

名称 规格	裙长	腰围	臀围	下摆大	腰长
160/68A（M）	69	70	94	114	18～20

（2）下摆水平分割裙裁剪制图

本款裙子为下摆水平分割裙，本款裙子的结构设计的重点水平分割结构设计，裙子的分割线位置的确定应根据人体的体态需求，设定在膝围以上相应部位，既起到了装饰性作用，又起到了功能性作用，最终完成款式图设计所需达到的效果，如图5-57所示。

将前后裙片的两个省道重新分配，一个省合并转移加大下摆围度，一个保留，下摆采用水平的分割结构，利用切着放量的方法加大下摆的长度，自热悬垂后形成大的波浪造型，如图5-58所示。

基本造型纸样绘制之后，就要依据生产要求对纸样进行结构处理图的绘制，复核前、后下摆，并对下摆进行放量，完成结构处理图，完成腰里贴边的修正，如图5-59所示。

最后修正纸样，修顺前、后下摆线，完成制图。

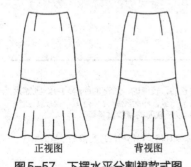

正视图　　　　背视图

图5-57　下摆水平分割裙款式图

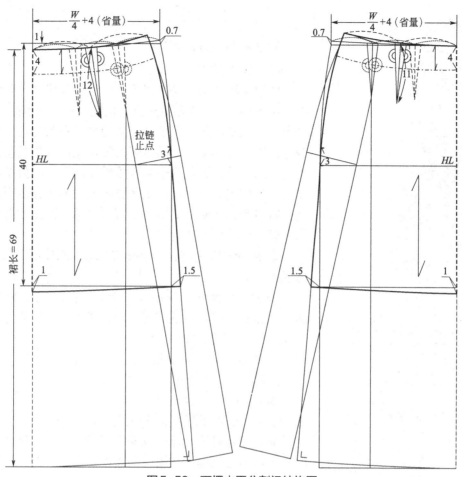

图5-58 下摆水平分割裙结构图

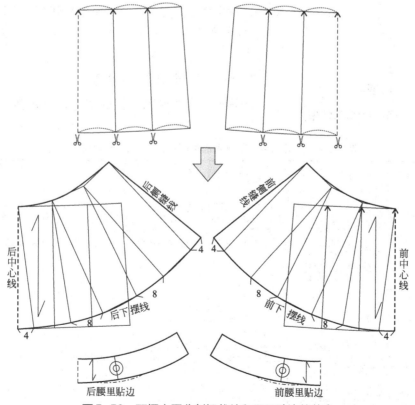

图5-59 下摆水平分割裙裁片和腰里贴边的整合

图5-60　多层水平分割碎褶塔裙效果图

（三）多层水平分割碎褶塔裙（塔裙）

1. 多层水平分割碎褶塔裙款式说明

（1）款式特征

塔裙又称节裙，是在裙子上作出多条横向分割线，并在每层与上层的接缝中加入褶量进行抽褶的裙子，每节的长度可以相等，也可以不相等，采用长度渐变的裙型，裙长越向下裙摆越宽，造型像宝塔一样美观，即满足了人体步距的结构要求，又构成了巧妙的装饰设计，这款裙子是夏季繁华盛开的景象全面的展现，整体非一般的气质唯美。配上素雅的色系和碎花多彩的色系的小上装非常有雅韵，褶皱的裙摆，营造了适可而止的蓬松感，更加时尚有型，如图5-60所示。

①裙身构成：前、后裙身结构均由三片不同长度的裙片拼接构成。

②腰：绱腰头，左侧或右侧前片压后片，要根据个人习惯，通常欧洲的服装习惯是左侧穿脱，我国习惯右侧穿脱，并且在腰头处锁扣眼，装纽扣。

③拉链：拉链装于侧缝，缝合于裙子右侧缝，装普通树脂或金属拉链，目前多采用隐性拉链。

④纽扣：用于腰口处。

（2）多层水平分割碎褶塔裙的原理分析

横向分割裙的设计应以穿着舒适、方便、造型美观这一结构的基本功能为前提；在裙子下摆设计水平分割线的结构，就是要考虑下摆行走的裙摆尺度，由于本款裙子属于宽松造型，裙子的分割线位置的确定无需根据人体的体态需求，本款的裙型非常简单，即便没学过裁剪的人，简单想想就可以可以看出来裙片的组成是3块长条布抽褶即可，下摆的褶早已满足人体正常行走的步距需求。

2. 面料、里料、辅料的准备

裙子面料、里料和辅料的选择以及用量以及辅料的数量见表5-24。

表5-24　多层水平分割碎褶塔裙面料、里料、辅料的准备

常用面料		裙子的抽褶量应根据面料的厚度、性质和表现的造型效果来确定，因此，在面料的选择上，有疏松柔软的雪纺、豪放的大花面料、棉麻、塔夫绸、棉纺绸面料等。 面料幅宽：144cm、150cm或165cm。 基本的估算方法：裙长+缝份5cm，如果需要对花、对格子时应当追加适当的量
常用里料		里料幅宽：144cm、150cm或165cm。 基本的估算方法：裙长+缝份5cm，如果需要对花、对格子时应当追加适当的量

续表

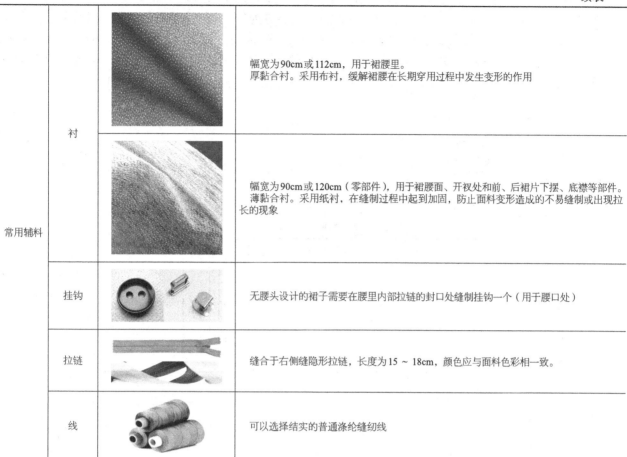

常用辅料	衬	幅宽为90cm或112cm，用于裙腰里。 厚黏合衬。采用布衬，缓解裙腰在长期穿用过程中发生变形的作用
		幅宽为90cm或120cm（零部件），用于裙腰面、开衩处和前、后裙片下摆、底襟等部件。 薄黏合衬。采用纸衬，在缝制过程中起到加固，防止面料变形造成的不易缝制或出现拉长的现象
	挂钩	无腰头设计的裙子需要在腰里内部拉链的封口处缝制挂钩一个（用于腰口处）
	拉链	缝合于右侧缝隐形拉链，长度为15～18cm，颜色应与面料色彩相一致。
	线	可以选择结实的普通涤纶缝纫线

3. 多层水平分割碎褶塔裙结构制图

（1）制定多层水平分割碎褶塔裙成衣尺寸

按照所需要的人体尺寸，先制定出一个尺寸表，这里按照我国服装规格160/68A作为参考尺寸，举例说明，见表5-25。

表5-25　多层水平分割碎褶塔裙成衣规格　　　　　　　　　　　　　单位：cm

名称 规格	裙长	腰围	臀围	下摆大	腰长	腰头宽
160/68A（M）	70	70	94	320	18～20	3

（2）多层水平分割碎褶塔裙裁剪制图

本款裙子为水平分割裙，本款裙子的结构设计的重点水平分割结构设计，按照款式设计进行起到了装饰性作用即可，最终完成款式图设计所需达到的效果，如图5-61所示。

正视图　　　　　　　　　　　　背视图

图5-61　多层水平分割碎褶塔裙款式图

多层碎褶塔裙结构是采用直接作图法来完成的纸样，这里将根据图例进行说明。

制图步骤简要说明：后腰低落1cm，裙片长为67cm。分为3层。越往下裙长越长，这样的分割看起来显得更自然一些。上一层长16cm，中间层长为22cm，底边一层为29cm，如图5-62所示。第一层按 $W/4$ 再放2/3的量为裙宽做抽褶量。中间一层按第一层的宽再放出1/2作为褶量。底边一层按中间层的方法作出。拉链位置。在侧缝中作出，拉链长为17cm。腰头长按 $W/2$，宽为3cm，搭门宽为3cm。

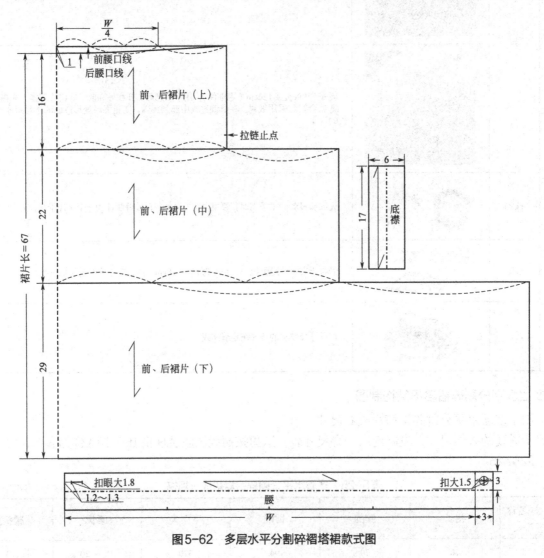

图5-62　多层水平分割碎褶塔裙款式图

二、竖向直线分割线

竖向直线分割线裙是裙子分割设计的主要形式，通常所说的多片裙就是竖向直线分割线裙，如一片裙、两片裙、三片裙、四片裙、六片裙、八片裙、十二片裙等。也可以是单数分割，如三片裙、五片裙、七片裙等，如图5-63所示。竖向直线分割线裙既要满足功能性设计，又要符合审美的要求，

| 一片裙 | 两片裙 | 三片裙 | 四片裙 | 六片裙 | 八片裙 |

图5-63　解决臀腰差和下摆尺度的竖向直线分割线

它的设计并不是随意的。进行竖向分割设计时，臀腰差应尽量处理在分割线中。此外，分割线的位置应尽可能地通过人体最丰满的位置，尤其是臀部、腹部的分割线，应最大限度地保持造型的平衡。

作为裙子的分割造型原则，制约裙子廓形的因素是腰线曲度，分割裙子设计也不能离开这一前提。重要的是要把握分割裙的造型特点，分割裙设计要尽可能使造型表面平整，这样才能充分表现出分割线的视觉效果。因此，一般分割裙多保持A型裙（半紧身裙）的廓形特征。在结构设计中以A型裙的合身程度处理省，以半紧身裙摆幅度为根据，均匀地设计各分片中的摆量。当然，有些裙子的分割线并不是为了表现分割的造型，而是为了达到其他的实用目的，这时，裙子的廓形就不需要保持A型特征。

另外，在正式纸样设计之前，在操作方法上，特别是对纸样设计尚不十分熟练的初学者，要掌握一个步骤：首先，无论在生产图上反映的结构多么复杂，只要在基本纸样上，依生产图所显示的表面结构线作分割，就会初步确定答案；然后，作分割线中的余缺、打褶等结构处理；最后，把根据基本纸样所设计完成的结构图分离出来制成样板。这就是纸样设计三步法，即基本分割图、结构处理图和结构分离图。

（一）简易一片垂直分割裙

1.简易一片垂直分割裙款式说明

（1）款式特征

本款采用下摆水平分割结构，造型为直筒裙，裙前中心线系扣，美观大方，绱腰设计，裙长可以根据季节和流行进行调节，如图5-64所示。

① 裙身构成：本款为一片裙身结构，裙子外形呈直筒型。

② 腰：腰部为抽褶设计，裙前中心线系扣。

③ 纽扣：用于前中心线处。

图5-64　简易一片垂直分割裙效果图

（2）简易一片垂直分割裙的原理分析

一片分割裙的设计非常简单，其就是一片布围系起来形成的裙子，为解决臀腰差在腰部进行抽褶设计，其在前中心线设计垂直分割的开合设计是为了解决裙子下摆行走的裙摆尺度，本款的裙型是直筒裙设计。

2.面料、里料、辅料的准备

裙子面料、里料和辅料的选择、用量以及辅料的数量见表5-26。

表5-26　简易一片垂直分割裙面料、里料、辅料的准备

常用面料	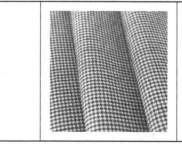	面料选择范围较广，疏松柔软的但较薄的面料均可。 面料幅宽：144cm、150cm或165cm。 基本的估算方法：裙长+缝份5cm，如果需要对花对格子时应当追加适当的量

续表

常用里料		里料幅宽：144cm、150cm或165cm。 基本的估算方法：裙长＋缝份5cm，如果需要对花对格子时应当追加适当的量
常用辅料	衬	幅宽为90cm或112cm，用于裙腰里。 厚黏合衬。采用布衬，缓解裙腰在长期穿用过程中发生变形的作用
		幅宽为90cm或120cm（零部件），用于裙腰面、开衩处和前、后裙片下摆、底襟等部件。 薄黏合衬。采用纸衬，在缝制过程中起到加固，防止面料变形造成的不易缝制或出现拉长的现象
	纽扣	一片裙子的设计其开合设计位置可根据设计需求确定，本款的开合位置设计在前中线线上，在前中心线上设计八粒纽扣
	线	可以选择结实的普通缝纫线

3.简易一片垂直分割裙结构制图

（1）制定简易一片垂直分割裙成衣尺寸

按照所需要的人体尺寸，先制定出一个尺寸表，这里按照我国服装规格160/68A作为参考尺寸，举例说明，见表5-27。

表5-27　简易一片垂直分割裙成衣规格　　　　　　　　　　　　　　　　　单位：cm

名称 规格	裙长	腰围	臀围	下摆大
160/68A（M）	50	70	100	100

（2）简易一片垂直分割裙裁剪制图

本款裙子为垂直分割线裙，最终完成款式图设计所需达到的效果，如图5-65所示。

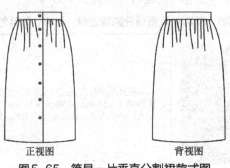

正视图　　　　　　　　　背视图

图5-65　简易一片垂直分割裙款式图

简易一片垂直分割裙采用直接作图法来完成的纸样，本款裙型结构较为简单，故具体操作如图5-66所示。

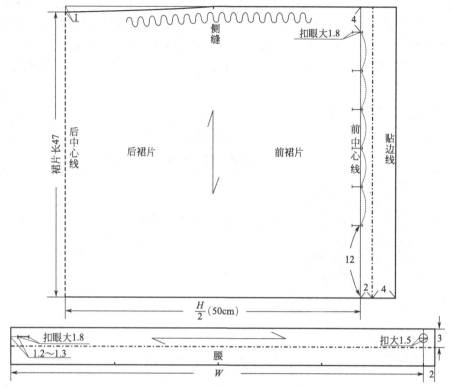

图5-66　简易一片垂直分割裙结构图

（二）六片垂直分割裙

1.六片垂直分割裙款式说明

（1）款式特征

六片裙是垂直分割线裙子的经典造型，较合体，舒适大方，没有过多的设计，简洁明了，分割线位于裙身3等份的位置上，造型平整，下摆宽松。装腰头，侧缝处装拉链。竖线的分割设计为此款增加了很多耀眼的光彩，让穿着者显得更加修长和干练。这种裙子从正面看，腰部与臀部的线条明朗，垂直线条将女性最大限度地改变身材比例，拉长腿部线条，可分别用作单件的或用作裙套装的裙子款式，拉链装在侧缝中，裙长可以根据季节和流行进行调节，如图5-67所示。

① 裙身构成：本款为六片裙身结构，前后各三片，裙子外形呈A形或微喇形。

② 腰：腰部无省，绱腰头，左侧或右侧前片压后片，要根据个人习惯，通常欧洲的服装习惯是左侧穿脱，我国习惯右侧穿脱，并且在腰头处锁扣眼，装纽扣。

③ 拉链：拉链装于侧缝，缝合于裙子左侧缝，装普通树脂或金属拉链，目前多采用隐性拉链。

④ 纽扣：用于腰口处。

（2）六片垂直分割裙的原理分析

六片裙是在裙片中破纵向分割线，以两侧缝为界，前后各三片，其分割线位置的确定通常是以臀围线为依据，将前后臀围线分配成三等份，均匀分配每片的大小，但并不是固定的形式，也可以根据款式需求

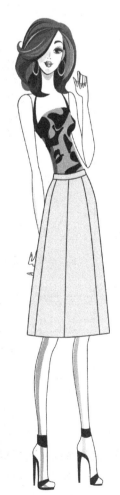

图5-67　六片垂直分割裙效果图

绘制分割线的位置。

① 腰口的省道的处理。六片裙结构的重点为腰省的处理，六片裙看似无腰省，实际上是将臀腰差所形成的腰省量直接分配在分割线中，将臀腰差消化掉，六片裙的分割线既可以把臀腰差（腰省）在结构分割线中去掉，又具有很好的装饰效果，且立体感强。为了加强装饰效果，还可以在结构线上缉明线。

② 下摆的原理分析。本款的裙型比较像A型裙的裙子设计，下摆的尺度设计要满足步距的需求，加大的下摆量是设计的要求，无固定的尺寸。

2. 面料、里料、辅料的准备

裙子面料、里料和辅料的选择、用量以及辅料的数量见表5-28。

表5-28　六片垂直分割裙面料、里料、辅料的准备

常用面料		在面料的选择上，选择范围较广，疏松柔软的但较薄的面料均可。可以选用具有一定质感的棉、毛、呢、化纤悬垂感好面料等。 面料幅宽：144cm、150cm或165cm。 基本的估算方法：裙长＋缝份5cm，如果需要对花对格子时应当追加适当的量
常用里料		里料幅宽：144cm、150cm或165cm。 基本的估算方法：裙长＋缝份5cm，如果需要对花对格子时应当追加适当的量
常用辅料	衬	幅宽为90cm或112cm，用于裙腰里。 厚黏合衬。采用布衬，缓解裙腰在长期穿用过程中发生变形的作用
		幅宽为90cm或120cm（零部件），用于裙腰面、开衩处和前、后裙片下摆、底襟等部件。 薄黏合衬。采用纸衬，在缝制过程中起到加固，防止面料变形造成的不易缝制或出现拉长的现象
	拉链	缝合于右侧缝的拉链，可选择隐形拉链，也可以选择普通的金属拉链或树脂拉链，长度为15～18cm，颜色应与面料色彩相一致
	线	可以选择结实的普通缝纫线

3. 六片垂直分割裙结构制图

（1）制定六片垂直分割裙裙成衣尺寸

按照所需要的人体尺寸，先制定出一个尺寸表，这里按照我国服装规格160/68A作为参考尺寸，举例

说明，见表5-29。

表5-29　六片垂直分割裙成衣规格　　　　　　　　　　　　　　　　单位：cm

规格＼名称	裙长	腰围	臀围	下摆大	腰长	腰头宽
160/68A（M）	60	70	96	124	18～20	3

（2）六片垂直分割裙裁剪制图

本款裙子为垂直分割线裙，本款裙子结构设计的重点是垂直分割线的腰省和下摆结构设计，裙子的垂直分割线位置的确定依据款式设计，最终完成款式图设计所需达到的效果，如图5-68所示。

正视图　　　背视图

图5-68　六片垂直分割裙款式图

该裙子结构的设计方法为先确定前后片分割线，在前臀围宽的基础上，将其平分3等份，在靠近前中心线的一等份上作臀围线的垂线，延长至上平线和下摆辅助线，即前片分割线；在后臀围宽的基础上，将其平分3等份，在靠近后中心线的一等份上作臀围线的垂线，延长至上平线和下摆辅助线，即后片分割线。将臀腰差所形成的腰省量直接分配在分割线中，将臀腰差消化掉，最后将线条修顺，腰口的曲线弧度应当要符合人体的腰腹基本形态。在下摆大的处理上，由于此款六片裙下摆呈微喇状，在满足人体步距的需求时，应适当加大摆量。在前后片分割线与下摆辅助线的交点处向两侧各量取2cm的放摆量，处理样板时需展开此量，前后片侧缝加摆量3cm。本款裙型结构较为简单，故具体操作如图5-69所示。

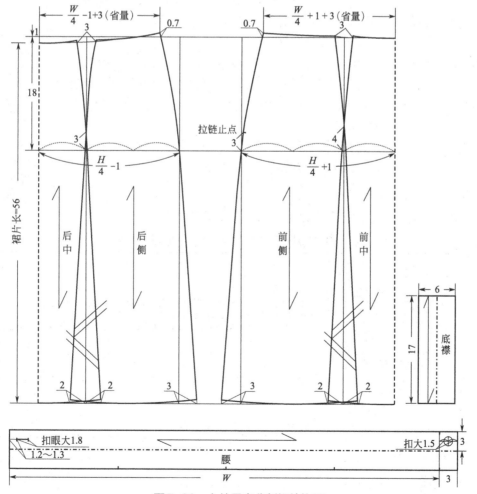

图5-69　六片垂直分割裙结构图

（三）八片小喇叭裙

1. 八片小喇叭裙款式说明

（1）款式特征

八片裙是垂直分割线裙子的经典造型，本款八片裙采用了八片破缝结构，因而使这种裙子的造型从腰部到臀围能完全贴体，而从臀围开始向外展开，使之能像盛开的喇叭花一样。这种裙摆能产生一种自然的波浪感，是一种很优美的造型。八片裙是在裙片中破纵向分割线，既可以把臀腰差（腰省）在结构线中去掉，又具有很好的装饰效果，且立体感强。为了加强装饰效果，还可以在结构线缉明线。拉链装在后中缝处，裙长可以根据季节和流行进行调节，如图5-70所示。这款八片分割裙型，款式较宽松，舒适大方，后中装腰头，装拉链。竖线的分割设计为此款增加了很多耀眼的光彩，让你显得更加修长和干练。这种裙子可分别用作单件的或用作裙套装的裙子款式。

① 裙身构成：本款为八片裙身结构，前后各四片，裙子外形呈A形或微喇形。

② 腰：腰部无省，绱腰头，并且在腰头处锁扣眼，装纽扣。

③ 拉链：拉链装于后中心线上，装普通树脂或金属拉链，目前多采用隐性拉链。

④ 纽扣：用于腰口处。

（2）八片小喇叭裙的原理分析

八片分割裙以侧缝线为界，前后各四片。分配省时，将一个省并入分割线中，前后中线和侧缝分配掉另一个省量。从理论上讲裙子的竖线分割可以无限地分割下去，而且分割的单位越多造型越好。但是对于实际生产、材料特性和结构本身都有很大的关系，关键是设计者要掌握这种规律。

① 腰口省道的处理。八片裙结构的重点为腰省的处理，八片裙看似无腰省，实际上是将臀腰差所形成的腰省量直接分配在分割线中，将臀腰差消化掉。制图原理是将原型裙的省道重新分配，每条分割线上暗藏着一个半省，另外半个省分成两部分，分别暗藏在前后中线和侧缝线上。

② 下摆的原理分析。本款的裙型比较像喇叭裙的裙子设计，下摆的尺度设计要满足步距的需求，加大的下摆量是设计的要求，无固定的尺寸。

2. 面料、里料、辅料的准备

裙子面料、里料和辅料的选择、用量以及辅料的数量见表5-30。

图5-70　八片小喇叭裙效果图

表5-30　八片小喇叭裙面料、里料、辅料的准备

常用面料		在面料的选择上，选择范围较广，疏松柔软的但较薄的面料均可。 面料幅宽：144cm、150cm或165cm。 基本的估算方法：裙长＋缝份5cm，如果需要对花、对格子时应当追加适当的量
常用里料		里料幅宽：144cm、150cm或165cm。 基本的估算方法：裙长＋缝份5cm，如果需要对花、对格子时应当追加适当的量

续表

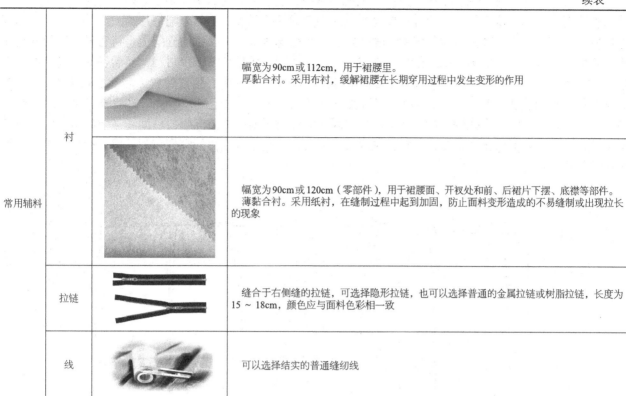

常用辅料	衬	幅宽为90cm或112cm，用于裙腰里。 厚黏合衬。采用布衬，缓解裙腰在长期穿用过程中发生变形的作用
		幅宽为90cm或120cm（零部件），用于裙腰面、开衩处和前、后裙片下摆、底襟等部件。 薄黏合衬。采用纸衬，在缝制过程中起到加固，防止面料变形造成的不易缝制或出现拉长的现象
	拉链	缝合于右侧缝的拉链，可选择隐形拉链，也可以选择普通的金属拉链或树脂拉链，长度为15～18cm，颜色应与面料色彩相一致
	线	可以选择结实的普通缝纫线

3. 八片小喇叭裙结构制图

（1）制定八片小喇叭裙成衣尺寸

按照所需要的人体尺寸，先制定出一个尺寸表，这里按照我国服装规格160/68A作为参考尺寸，举例说明，见表5-31。

表5-31　八片小喇叭裙成衣规格　　　　　　　　　　　　　　　　单位：cm

规格＼名称	裙长	腰围	臀围	下摆大	腰长	腰头宽
160/68A（M）	60	70	94	206	18～20	3

（2）八片小喇叭裙裁剪制图

本款裙子为垂直分割线裙，本款裙子的结构设计的重点垂直分割线的腰省和下摆结构设计，裙子的垂直分割线位置的确定依据款式设计，最终完成款式图设计所需达到的效果，如图5-71所示。

正视图　　　　　　　　背视图

图5-71　六片垂直分割裙款式图

八片裙结构属于八片宽松型结构的基本纸样，八片裙的结构设计应以穿着舒适、方便、造型美观这一结构的基本功能为前提，本文将根据图例分步骤简要进行制图说明。

八片裙的分割线位置的确定通常是以臀围线为依据，将前后臀围线分配成1/2等分，为了使八片裙结构从臀围至下摆的宽度相等，前后分别按臀围宽的中点做基础垂线，均匀分配每片的大小，但并不是固定的形式，也可以根据款式需求绘制分割线的位置。八片裙无腰省，在腰省的分配上是将省量分配到分割线里，将臀腰差消化掉，如图5-72所示。先在前中心腰口处去掉前片省量大的1/4，然后在前侧缝处再劈去前片省量大的1/4，即前腰宽由 $W/4 + 1/2$ 省量定出。接下来在后中心腰口处劈去后片省量大的1/4，然后在后侧缝处再劈去后片省量大的1/4，即后腰宽由 $W/4 + 1/2$ 省量定出，后腰口比前腰口要低落1cm左右，具体应根据体型及合体程度加以调节，将其画顺，通过低落的此点向腰口辅助线量取后腰宽，同前腰宽的测量同理。最后修正裙摆线，画顺各轮廓线，完成裙身制图本款裙型结构较为简单，故具体操作步骤予如图5-72所示。

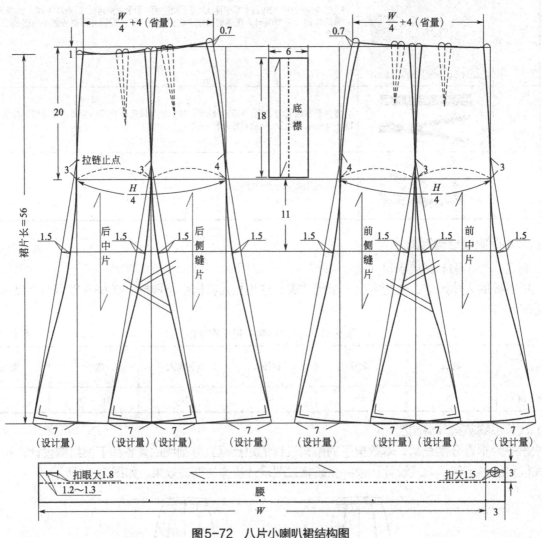

图5-72 八片小喇叭裙结构图

八片裙的制图方法还可以用简单的方法，直接按照腰围和臀围的1/8方法制图，缝合后再修正前后腰口线，如图，如图5-73所示。

（3）八片小喇叭裙裙摆大小的设计和腰与幅宽的关系

以面料幅宽为144cm为例，长度为一个裙长，裙摆的大小和腰与幅宽有着直接的关系，在一个裙长内摆放五片，即3个裙摆 + 2个（腰围/8）=144cm幅宽，3个裙摆 + 2×（腰围70/8）+ 缝头4cm=144cm幅宽。经过计算，一个摆围大致为40.6cm － 缝头=38cm，再减去臀围/8的尺寸（94/8=11.8）=26.2cm，得出在这样的排板方式下，一个裙摆的加放量最多不能超过26cm，这样就可以8个裙长裁剪出9条裙子。

另一种情况，面料幅宽为144cm，长度为一个裙长，在一个裙长内摆放三片，即2个裙摆 + 1个（腰围/8）=144cm幅宽，2个裙摆 + 1×（腰围70/8）+ 缝头4cm=144cm幅宽，经过计算一个摆围大致为

66.5cm－缝头=64.5cm，再减去臀围/8的尺寸（94/8=11.8）=52.7cm，得出在这样的排板方式下，一个裙摆的加放量最多不能超过52cm，这样就可以8个裙长出8条裙子，如图5-74所示。

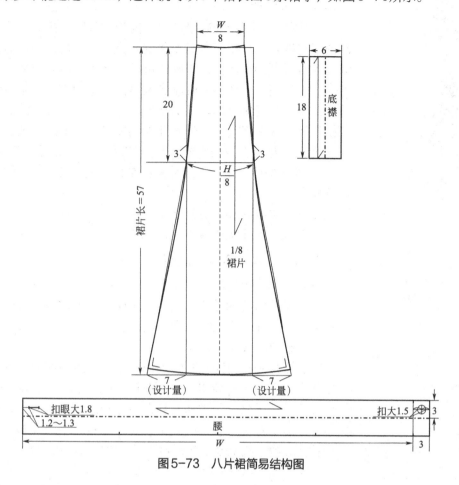

图5-73　八片裙简易结构图

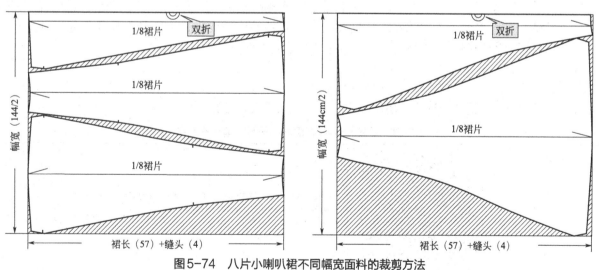

图5-74　八片小喇叭裙不同幅宽面料的裁剪方法

三、斜向分割线裙

分割线呈倾斜状态，使裙子造型显得随意大方，既满足审美需求又方便活动，如螺旋裙、鱼尾裙的设计。斜向分割裙是在A型裙的基础上进行斜向分割，形成类似鱼尾裙的下摆，长度一般以盖住膝盖为佳。斜向分割裙的裙摆比半合体裙更大。

图5-75 斜向分割裙效果图

（一）斜向分割线裙款式说明

1. 款式特征

本款裙子采用曲线破缝结构，前后片采用一条曲向分割线，非对称的曲线剪裁是本款裙子极富变化的一大亮点，富于变化的拼接，可以极大地丰富造型的可看性，巧妙的拼接被运用得得心应手，使裙子整体造型显瘦、显高，一件单品就能当做整身造型的亮点挑起重任，清晰的剪裁方式，甜美优雅充满动感的造型，完美展现了女性的曲线美，花苞似裙摆设计，展现出女性的优雅迷人的线条，右侧缝装拉链装，无腰头的连腰设计，裙长可以根据季节和流行进行调节，如图5-75所示。

① 裙身构成：本款为四片裙身结构，前后各两片，裙子外形呈A形或微喇形。

② 腰：腰部前后片分别有两个省，无腰头设计。

③ 拉链：隐形拉链装于侧缝，缝合于裙子右侧缝。

2. 斜向分割线裙的原理分析

斜向分割线裙制图原理和垂直分割裙一样，本款裙子由于斜向分割的设计属于非对称的结构，前后片的腰部结构左右不相同，因此在腰部的省量设计上就要按照款式需求重新分配。

（1）腰口的省道的处理

在后裙片中，斜向分割线是由右腰口线至左侧缝线的一条弧线，本款裙子在造型上与A型裙一致，在后片腰部的两个省量，先将一个合并转移至下摆。另外一个省在右腰口线上处理在分割线里，在左腰口线上保留一个省；在前片腰部的两个省量，先将一个合并转移至下摆。另外一个省在右腰口线上处理在分割线里，在左腰口线上保留一个省。

（2）下摆的原理分析

本款的裙型比较像喇叭裙的裙子设计，下摆的尺度设计要满足步距的需求，加大的下摆量是设计的要求，无固定的尺寸。为以便于行走，将前后下摆进行加波浪褶处理。

（二）面料、里料、辅料的准备

裙子面料、里料和辅料的选择、用量以及辅料的数量见表5-32。

表5-32 斜向分割线裙面料、里料、辅料的准备

常用面料		在面料的选择上，选择范围较广，疏松柔软的但较薄的面料均可。 面料幅宽：144cm、150cm或165cm。 基本的估算方法：裙长+缝份5cm，如果需要对花、对格子时应当追加适当的量
常用里料		里料幅宽：144cm、150cm或165cm。 基本的估算方法：裙长+缝份5cm，如果需要对花、对格子时应当追加适当的量

续表

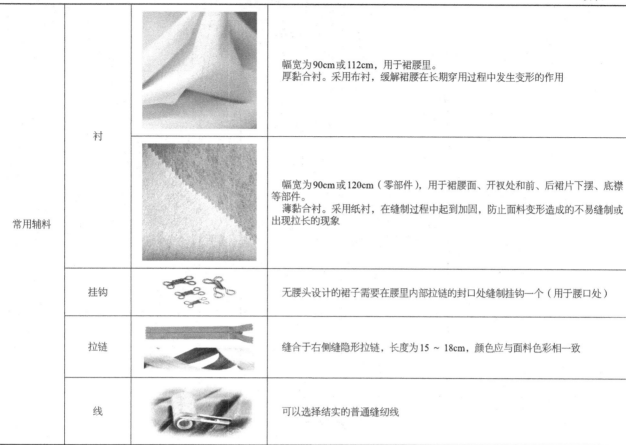

	衬		幅宽为90cm或112cm，用于裙腰里。 厚黏合衬。采用布衬，缓解裙腰在长期穿用过程中发生变形的作用
常用辅料			幅宽为90cm或120cm（零部件），用于裙腰面、开衩处和前、后裙片下摆、底襟等部件。 薄黏合衬。采用纸衬，在缝制过程中起到加固，防止面料变形造成的不易缝制或出现拉长的现象
	挂钩		无腰头设计的裙子需要在腰里内部拉链的封口处缝制挂钩一个（用于腰口处）
	拉链		缝合于右侧缝隐形拉链，长度为15～18cm，颜色应与面料色彩相一致
	线		可以选择结实的普通缝纫线

（三）斜向分割线裙结构制图

1. 制定斜向分割线裙成衣尺寸

按照所需要的人体尺寸，先制定出一个尺寸表，这里按照我国服装规格160/68A作为参考尺寸，举例说明，见表5-33。

表5-33　斜向分割线裙成衣规格　　　　　　　　　　　　　　　　　单位：cm

规格＼名称	裙长	腰围	臀围	下摆大	腰长
160/68A（M）	69	70	94	335	18～20

2. 斜向分割线裙裁剪制图

本款裙子的结构设计的重点斜向分割线的腰省和下摆结构设计，裙子的斜向分割线位置的确定依据款式设计，最终完成款式图设计所需达到的效果，如图5-76所示。

将裙前后裙片的两个省道重新分配，一个省合并转移加大下摆围度，一个保留，下摆利用切着放量的方法加大下摆的长度，自热悬垂后形成大的波浪造型，如图5-77、图5-78所示。

基本纸样绘制完成之后，就要依据生产要求对纸样进行结构处理图的绘制，复核前、后下摆，并对下摆进行放量，完成结构处理图，完成腰里贴边的修正，最后修正纸样，修顺前、后下摆线，完成制图，如图5-79所示。

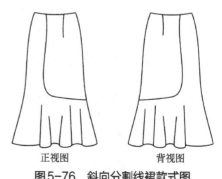

正视图　　　　　　　背视图

图5-76　斜向分割线裙款式图

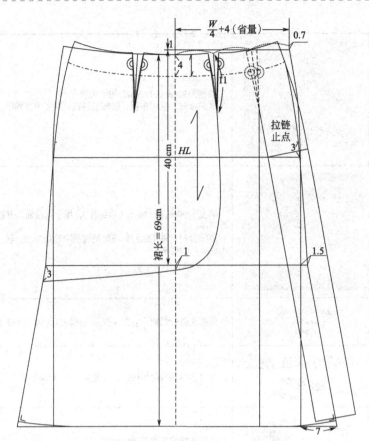

图5-77　斜向分割裙后片结构图

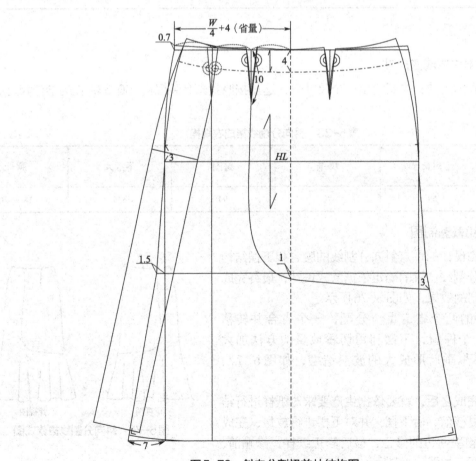

图5-78　斜向分割裙前片结构图

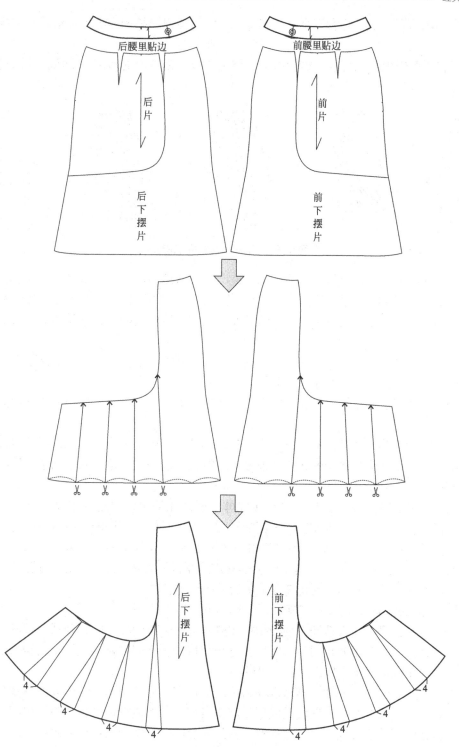

图5-79　斜向分割裙裙片和腰里贴边的整合

第四节　褶裥裙子裁剪纸样绘制

　　将布料按照折痕折起，折叠后重叠的部位称为褶裥。褶裥根据面料不同和折叠的方法不同有很多形式，形成了丰富的裙子款式，如图5-80所示。

　　褶裥裙通常是有定型褶的裙子，通常采用可塑性高的面料，加热压出褶形。根据褶子的设计不同可分为碎褶裙和有规则的褶裙。褶子可大可小、可多可少，有百褶裙、褶裥裙等，百褶裙的裙体为等宽一边倒的明褶或暗褶。

褶裥裙通常在臀围以上部位为收拢缉缝的裥，臀围线以下为烫出的活褶。褶裥裙的褶裥一般比百褶裙宽，并富于变化。

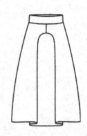

图5-80　不同种类褶裥的形式

省和分割线都具有两重性，一是合身性；二是造型性。从结构形式看，做褶裥设计也具有这样的两重性。换句话说，省和断缝可以用做褶裥的形式取而代之，它们的作用相同，但呈现出来的风格却大不一样。这就是说，褶裥同样是为了处理臀腰差和塑形而存在的，然而褶裥却具有其他形式所不能取代的造型功能和装饰意义。

与人体有设计关系的是结构褶裥，处理臀腰差时应均匀分配在褶裥中，人体的体型特征是服装的褶裥及其制图的依据。因此，褶裥造型设计的原则应符合以下几方面。

第一，褶裥具有多层性的立体效果。做褶裥的设计方法很多，但无论是哪一种，它们都具有三维空间的立体视觉效果。

第二，褶裥具有运动感。在做褶裥的方式上，它们都遵循一个基本构成形式，即固定腰部附近褶裥的方向，另一方则自然运动。因为褶裥的方向性很强，同时，褶裥通过特定方向牵制了人体的自然运动，富有秩序的持续变化，给人以飘逸之感。

第三，褶裥具有装饰性。褶裥的造型会产生立体、肌理和动感，而这些效果是依附人的身体而存在的，因此会使人们产生造型上的视觉效应和丰富的联想。也就是说，褶裥的造型容易改变人体本身的形态特征，而以新的面貌出现，这是褶裥具有装饰性的根源。因此，设计师常采用丰富的褶裥设计方法来设计礼服。褶裥虽具有装饰性，但是如果运用不当也容易产生华而不实的感觉。总之，做褶裥设计虽出效果，但要因时、因地、因人来综合考虑，这就需要了解褶裥的种类和特点。

褶裥的分类大体上有两种，即规律褶裥和无规律褶裥（自然褶裥）。

规律褶裥表现出有秩序的动感特征。规律褶裥按款式造型分为两种，即普利特褶和塔克褶。前者在确定褶裥的分量时是相等的，并用缝合固定。塔克褶与普利特褶所不同的是，只需要固定褶的根部，剩余部分自然展开，像有秩序地做活褶一样，如图5-81所示。

无规律褶裥具有随意性、多变性、丰富性和活泼性的特点。无规律褶裥结构处理方式分为两种，一种是以下摆结构设计为主，通过结构处理使其成型后产生自然均匀的波浪造型，如整圆裙摆；一种是以腰部结构设计为主，指在腰部的接缝处有目的地加宽，将其多余部分在缝制时缩缝成碎褶，成型后呈现有肌理的褶皱，如图5-81所示。

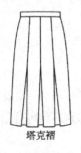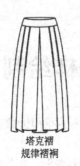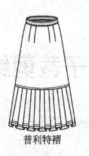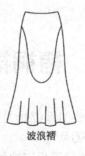

| 塔克褶 | 塔克褶
规律褶裥 | 普利特褶 | 波浪褶 | 波浪褶
无规律褶裥 | 碎褶 |

图5-81　褶裥的两种形式

另外，从褶裥的工艺要求来看，无论是无规律褶裥还是规律褶裥，一般与分割线结合设计，同时必须将褶固定，才能保持它的形态，分割线便具有这种功能。由于这些褶的特点，最适合于运用在裙子的设计中，因此，褶在裙子的结构设计中，运用的最广，而且有它独特的表现方法，裙子褶裥的形式很多，叫法也很多，褶和裥在不同的地方叫法也不相同，下面简单介绍几种常见褶裥的形式，如图5-82所示。

 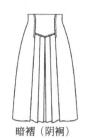  

顺裥　　　　　　暗褶（阴裥）　　　　箱型裥（阴褶）　　　　风琴裥

图5-82　常见裥的形式

一、规律褶裥裙

（一）对褶裙（西服裙）

1. 对褶裙款式说明

（1）款式特征

对褶裙早期也称西服裙，在结构上也称为暗褶裥裙，本款对褶裙裙身呈小"A"型，裙身上部符合人体腰臀的曲线状态，在前片中心线处设有暗褶裥，这种褶裥设计多用于传统套装裙中。从外形看，腰部贴身适体，外形线条优美流畅。这种裙子无论是作为学生套装，还是职业套装都是非常经典的设计，这种裙子可以作单件或者也可以作为套装的裙子款式来穿，如图5-83所示。

① 裙身构成：在两片裙身结构基础上，前中片处设有暗褶裥，后片设有后腰省的裙身结构。

② 腰：绱腰头，左侧或右侧前片压后片，要根据个人习惯。在腰头处锁扣眼，装纽扣。

③ 拉链：缝合于裙子左侧缝，装隐形拉链，颜色应与面料色彩相一致。

④ 纽扣：用于腰口处。

（2）对褶裙设计的原理分析

对褶裙前片中心处设有对褶裥，其结构原理与A字裙一样，加对褶的目的就是为了在裙摆上不加开衩，增加裙摆的尺度，满足人体步距最基本的阔度。

图5-83　对褶裙效果图

2. 面料、里料、辅料的准备

裙子面料、里料和辅料的选择、用量以及辅料的数量见表5-34。

表5-34　对褶裙面料、里料、辅料的准备

常用面料	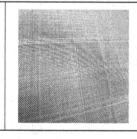	在面料的选择上，选择范围较广，疏松柔软的，较厚的、较薄的原料均可；宜选用较有质感，挺实的中、薄型毛料和易于烫褶的化纤及毛涤混纺的面料等。 面料幅宽：144cm、150cm或165cm。 基本的估算方法：裙长+缝份5cm，如果需要对花、对格子时应当追加适当的量

续表

常用里料		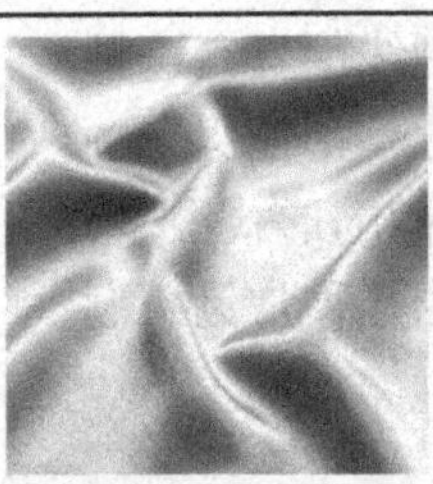	里料幅宽：144cm、150cm或165cm。 基本的估算方法：裙长＋缝份5cm，如果需要对花、对格子时应当追加适当的量
常用辅料	衬	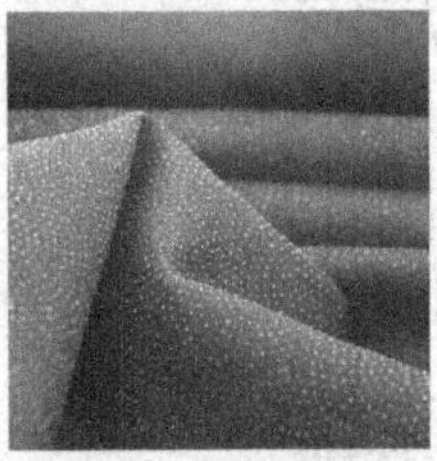	幅宽为90cm或112cm，用于裙腰里。 厚黏合衬。采用布衬，缓解裙腰在长期穿用过程中发生变形的作用
		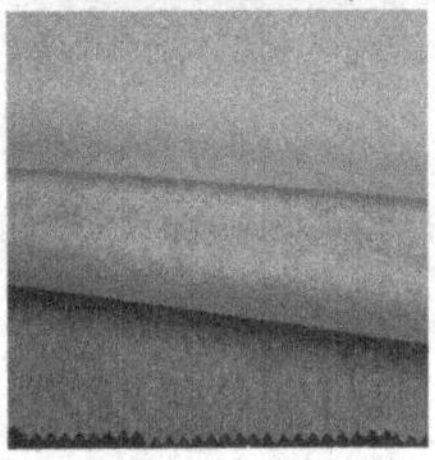	幅宽为90cm或120cm（零部件），用于裙腰面、开衩处和前、后裙片下摆、底襟等部件。 薄黏合衬。采用纸衬，在缝制过程中起到加固，防止面料变形造成的不易缝制或出现拉长的现象
	纽扣或裤钩	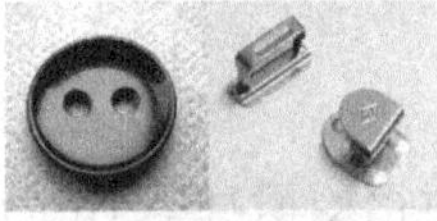	直径为1 ~ 1.5cm的纽扣或裤钩一个（用于腰口处）
	拉链	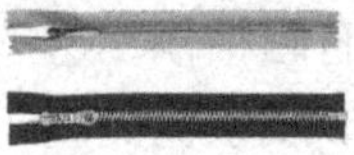	缝合于左侧缝的拉链，可选择隐形拉链，也可以选择普通的金属拉链或树脂拉链，位置在臀围线向上3cm，长度为15 ~ 18cm，颜色应与面料色彩相一致
	线	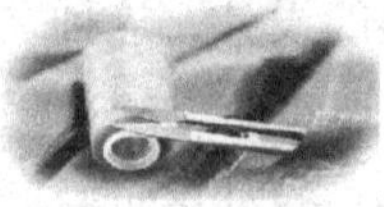	可以选择结实的普通涤纶缝纫线

3. 对褶裙结构制图

（1）制定对褶裙成衣尺寸

按照所需要的人体尺寸，先制定出一个尺寸表，这里按照我国服装规格160/68A作为参考尺寸，举例说明，见表5-35。

表5-35　对褶裙成衣规格

单位：cm

名称 规格	裙长	腰围	臀围	下摆大	腰长	腰头宽
160/68A（M）	60	70	94	122	18 ~ 20	3

（2）对褶裙裁剪制图

对褶裙为斜向分割线裙，本款裙子的结构设计的重点是斜向分割线的腰省和下摆结构设计，裙子的斜向分割线位置的确定依据款式设计，最终完成款式图设计所需达到的效果，如图5-84所示。

对褶裙前片中心处设有对褶裥，其结构原理和A字裙一样，对褶裙前片对褶裥在纸样处理中，借助基本纸样进行设计。制图方法是在在臀围线与前中心线的交点向前中心方向延长10cm，下摆辅助线向前中心方向延长10cm，此量均是设计量，可根据款式需求和设计要求来确定。再按照纸样生产符号中暗褶的设计方式将其补充完整。

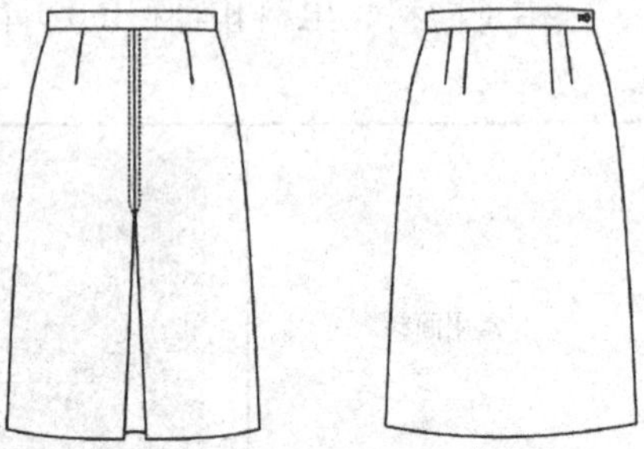

正视图　背视图

图5-84　对褶裙款式图

基本造型纸样绘制完成之后，就要依据生产要求对纸样进行结构处理图的绘制，如图5-85所示。

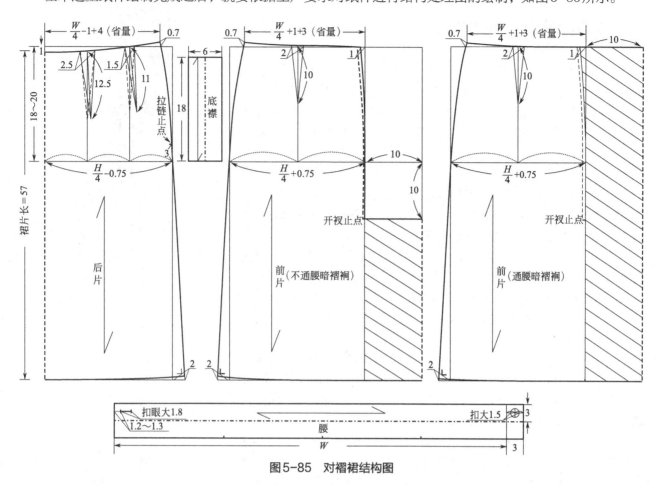

图5-85　对褶裙结构图

最后修正纸样，完成制图。

在工艺处理上，暗褶裥有两种缝合形式，一种是不通腰暗褶裥；另一种是通腰暗褶裥，这两种暗褶裥的结构制图方法，如图5-85所示，其工艺制作方法，如图5-86所示。

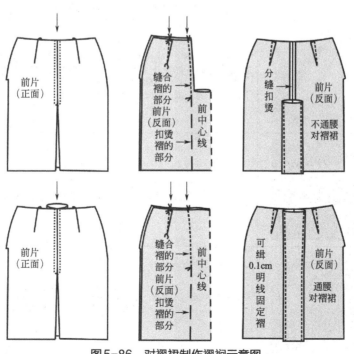

图5-86　对褶裙制作褶裥示意图

（二）低腰普利特褶裙

1. 低腰普利特褶裙款式说明

（1）款式特征

本款属于有规律性的褶裥裙。裙身紧身，裙子上半部符合人体臀腰的曲线形状，裙子前片下半部设有向前中心扣烫的顺褶褶裥，从腰至臀围到膝围度以上部位为收拢缉缝的裥，以下为烫出的活褶，富于变化，这种裙型可与很多种款式的套装搭配。本款裙子从外形来看，裙子腰线设计的较一般裙型低一些，裙子外形线条优美流畅，设计感十足，如图5-87所示。

① 裙身构成：在三片式裙身的结构基础上，前片裙身1/3的部分设有暗褶，后面由后中心线破开，分左右两裁片各设计一个腰省。

② 腰：绱腰头，后中心线处绱隐形拉链。

③ 拉链：在臀围线向上3cm处的后中心线上装拉链，含腰宽，长度为15～18cm，拉链的颜色应当选用与面料色彩一致。

（2）低腰普利特褶裙设计的原理分析

此款裙子为低腰顺褶紧身裙，设计的重点低腰位设计和褶裥设计，要按照款式需求考虑褶裥的位置。

① 腰口的省道的处理。由于本款后片只设有一个腰省，为消减臀腰差，将设计的一个半省给这个省，另半个省给侧缝，前片同样是将半个省给侧缝，这样可防止侧缝省量过大，通过降低腰线来解决臀腰差过大造成侧缝不平服的问题。

② 下摆的原理分析。本款前片暗褶裥设计的紧身裙，下摆采用收摆设计，为满足步距需求，在设计褶裥量时要满足步距的基本要求，下摆不能出现挡腿问题，故其下摆不需要设计功能性开衩设计。

2. 面料、里料、辅料的准备

裙子面料、里料和辅料的选择、用量以及辅料的数量见表5-36。

图5-87　低腰普利特褶裙效果图

表5-36　低腰普利特褶裙面料、里料、辅料的准备

常用面料		在面料的选择上，选择的范围较广，疏松柔软的、较厚的、较薄的均可使用，无特殊限制。宜选用较有质感，比较挺实的中、薄型毛料和易熨烫的化纤面料等。 面料幅宽：144cm、150cm或165cm。 基本的估算方法：裙长＋缝份5cm，如果需要对花、对格子时应当追加适当的量
常用里料		里料幅宽：144cm、150cm或165cm。 基本的估算方法：裙长＋缝份5cm，如果需要对花、对格子时应当追加适当的量
常用辅料	衬	幅宽为90cm或112cm，用于裙腰里。 厚黏合衬。采用布衬，缓解裙腰在长期穿用过程中发生变形的作用

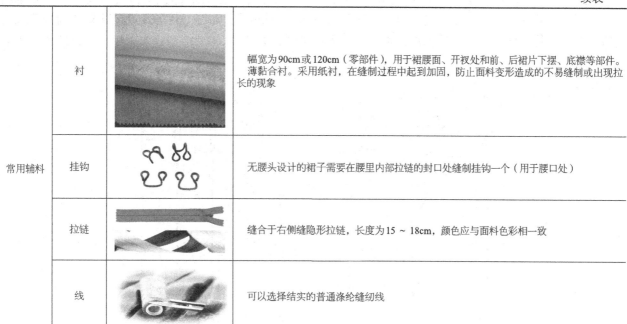

常用辅料	衬		幅宽为90cm或120cm（零部件），用于裙腰面、开衩处和前、后裙片下摆、底襟等部件。薄黏合衬。采用纸衬，在缝制过程中起到加固，防止面料变形造成的不易缝制或出现拉长的现象
	挂钩		无腰头设计的裙子需要在腰里内部拉链的封口处缝制挂钩一个（用于腰口处）
	拉链		缝合于右侧缝隐形拉链，长度为15～18cm，颜色应与面料色彩相一致
	线		可以选择结实的普通涤纶缝纫线

3. 低腰普利特褶裙结构制图

（1）低腰普利特褶裙成衣尺寸

按照所需要的人体尺寸，先制定出一个尺寸表，这里按照我国服装规格160/68A作为参考尺寸，举例说明，见表5-37。

表5-37　低腰普利特褶裙成衣规格　　　　　　　　　　　　　　　　　　单位：cm

名称\规格	裙长	腰围	下摆大	腰长	腰头宽
160/68A（M）	50	79	122	18～20	3

（2）低腰普利特褶裙裁剪制图

本款低腰普利特褶裙的结构设计的重点是褶裥结构设计，按照款式设计最终完成款式图设计所需实现的效果，如图5-88所示。

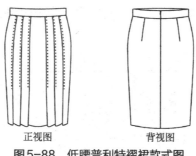

正视图　　　　　　背视图
图5-88　低腰普利特褶裙款式图

制图步骤简要说明：在后裙片将后腰口线平均分为2等分，其等分点作为后省大的中点，将设计的两个省重新进行分配，将设计的两个省中的一个半的省量分配至此等分点，其省长去13cm（设计量），另半个省分配至侧缝，将后腰线平行降低4cm，形成新的后腰线。在前裙片中把前臀围线平均分为4等分，取其等分点做3条平行于前中心线的褶裥辅助线，并将设计的两个省中的一个半的省量平均分配至褶裥辅助线中，其省长均取9cm（设计量），修顺褶裥辅助线，另半个省量分配到侧缝。将前腰线平行降低4cm，形成新的前腰线，如图5-89所示。

在前裙片设计固定褶裥的装饰线，其距褶裥辅助线1cm（设计量），从新的前腰口线顺着褶裥辅助线至臀围线与下摆线的中点作为装饰线长度。顺褶的长度为从下摆线至臀围线的中点这一点距离为顺褶裥的长度，其顺褶褶裥量均取6cm（设计量），将褶裥量6cm平均分为2等份，其等分点至交新的前腰口线且与前中心线平行，该线为裙片的内部翻折线，如图5-91所示。本款裙型结构较为简单，故具体操作步骤予以省略。

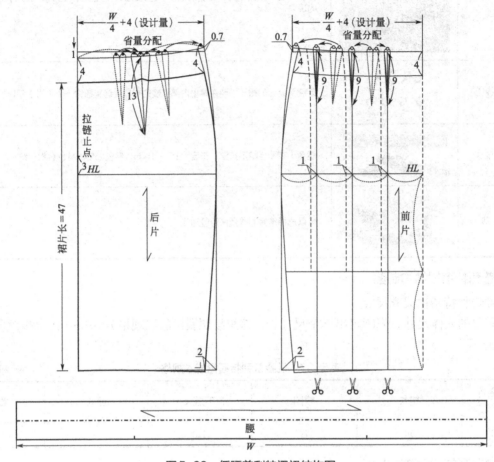

图5-89   低腰普利特褶裙结构图

修正纸样，完成结构处理图。

基本造型纸样绘制完成之后，就要依据生产要求对纸样进行结构处理图的绘制，修正前裙片，将前裙片沿3条褶裥辅助线平行切展放量，褶量6cm，褶向前中心线方向扣倒，修顺前腰线和下摆线，完成前裙片结构制图，如图5-90所示。

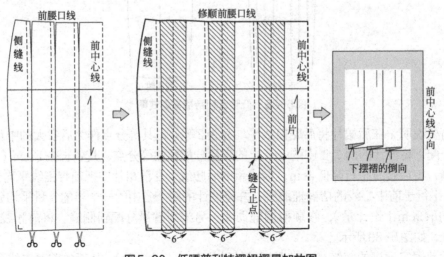

图5-90   低腰普利特褶裙褶量加放图

（三）下摆塔克褶裙

1. 下摆塔克褶裙款式说明

（1）款式特征

本款式属于有规律性的褶裥裙。裙身紧身，裙子上半部符合人体臀腰的曲线形状，裙子下半部设有向侧缝扣烫的顺褶褶裥，为活褶，富于变化，这种裙型可与很多种款式的套装搭配。本款裙子从外形来看，裙子外形线条优美流畅，美观大方，如图5-91所示。

① 裙身构成：本款为四片裙身结构，前后各两片，裙子外形呈A形或微喇叭形。在A字裙裙身的结构基础上，裙身下摆的部分设有顺褶，前后片腰部各设计两个腰省。

② 腰：无腰头设计，右侧缝处绱隐形拉链。

③ 拉链：在臀围线向上3cm处的后中心线上装拉链，长度为15～18cm，拉链的颜色应当选用与面料色彩一致。

（2）下摆塔克褶裙设计的原理分析

此款裙子为无腰顺褶紧身裙，设计的重点是褶裥设计，要按照款式需求考虑褶裥的位置。

裙子的前后片下摆设计有向侧缝扣烫的褶裥，在设计褶裥量时要满足步距的基本要求，要能正常行走。重点是褶裥的处理方法，要注意加放量褶量后纸样的处理，在分割线的位置上要注意褶的导向所形成的褶的起伏状态，不能直接画直线，下摆线作好褶后修顺即可。

2. 面料、里料、辅料的准备

裙子面料、里料和辅料的选择、用量以及辅料的数量见表5-38。

表5-38　下摆塔克褶裙面料、里料、辅料的准备

常用面料		在面料的选择上，选择的范围较广，疏松柔软的、较厚的、较薄的均可使用，无特殊限制。宜选用较有质感，比较挺实的中、薄型毛料和易熨烫的化纤面料等。 面料幅宽：144cm、150cm或165cm。 基本的估算方法：裙长＋缝份5cm，如果需要对花、对格子时应当追加适当的量
常用里料		里料幅宽：144cm、150cm或165cm。 基本的估算方法：裙长＋缝份5cm，如果需要对花、对格子时应当追加适当的量
常用辅料	衬	幅宽为90cm或112cm，用于裙腰里。 厚黏合衬。采用布衬，缓解裙腰在长期穿用过程中发生变形的作用
		幅宽为90cm或120cm（零部件），用于裙腰面、开衩处和前、后裙片下摆、底襟等部件。 薄黏合衬。采用纸衬，在缝制过程中起到加固，防止面料变形造成的不易缝制或出现拉长的现象

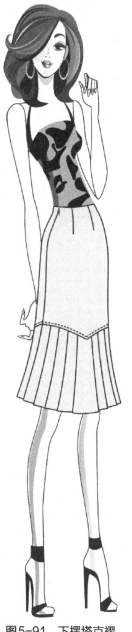

图5-91　下摆塔克褶
裙效果图

续表

	挂钩	无腰头设计的裙子需要在腰里内部拉链的封口处缝制挂钩一个（用于腰口处）
常用辅料	拉链	缝合于右侧缝隐形拉链，长度为15～18cm，颜色应与面料色彩相一致
	线	可以选择结实的普通涤纶缝纫线

3. 下摆塔克褶结构制图

（1）制定下摆塔克褶成衣尺寸

按照所需要的人体尺寸，先制定出一个尺寸表，这里按照我国服装规格160/68A作为参考尺寸，举例说明，见表5-39。

表5-39　下摆塔克褶裙成衣规格　　　　　　　　　　　　　　　　单位：cm

规格 \ 名称	裙长	腰围	臀围	下摆大	腰长
160/68A（M）	69	70	94	192	18～20

（2）下摆塔克褶裁剪制图

本款裙子为顺褶塔克裙，本款裙子的结构设计的重点褶裥结构设计，按照款式设计最终完成款式图设计所需达到的效果，如图5-92所示。

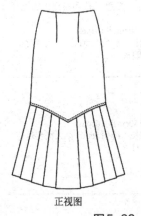

正视图　　　　　　　　　　　　背视图

图5-92　下摆塔克褶裙款式图

本款裙型结构较为简单，重点是将裙前后裙片的两个省道重新分配，一个省合并转移加大下摆围度，另一个保留，下摆采用切着放量的方法加大下摆的长度，按款式设计好前后片下摆分割线的位置，并绘制出塔克褶的位置，如图5-93所示。

修正纸样，完成结构处理图。

基本造型纸样绘制完成之后，就要依据生产要求对纸样进行结构处理图的绘制，完成前后裙片下摆褶裥的处理，分别将前后裙片下摆片沿分割线4等分，褶裥辅助线平行切展放量，褶量为设计6cm，褶向侧缝方向扣倒，要注意加放量褶量后纸样的处理，在分割线的位置上要注意褶的导向所形成的褶的起伏状态，不能直接画直线，修顺下摆线，完成结构处理图，并完成腰里贴边的修正，如图5-94所示。

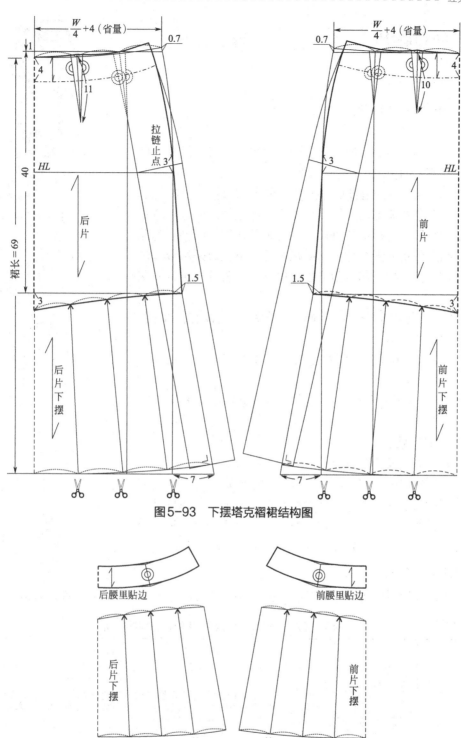

图5-93 下摆塔克褶裙结构图

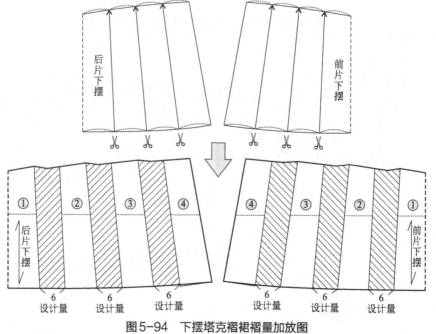

图5-94 下摆塔克褶裙褶量加放图

二、无规律褶裥裙

（一）无规律碎褶塔裙

1.无规律碎褶塔裙款式说明

（1）款式说明

对于热衷于时尚的朋友们来说，从小到大的衣橱里必然得有一件缩褶裙。这种随性不羁的裙装，动感、活泼、飘逸的视觉效果大方迷人，可搭配衬衫、T恤，有的是波西米亚风格的异域风情，有的是邻家女孩的恬静，面料色彩变幻的雪纺，夸张的荷叶边处处彰显随意舒适。本款采用多层裙里布进行裙长拼接，并在裙子表层形成多层遮盖效果的缩褶裙，褶的形式并无规律。如果在每层的下止口采用绲包边工艺更能增加其装饰性，裙长和碎褶层数可根据个人喜好而定，如图5-95所示。

① 裙身构成：在两片裙身结构基础上，前中片处设有按褶裥，后片设有后腰省的裙身结构。

② 腰：绱腰头，左侧或右侧前片压后片，要根据个人习惯，在腰头处锁扣眼，装纽扣。

③ 拉链：缝合于裙子左侧缝，绱隐形拉链，颜色应与面料色彩相一致。

④ 纽扣：用于腰口处。

（2）无规律碎褶塔裙设计的原理分析

本款裙子属于宽松造型，裙子的分割线位置的确定无需根据人体的体态需求，本款的裙型非常简单，即便没学过裁剪的人，简单学习就可以看出来裙片的组成是3块长条布抽褶即可，重点是每层裙子是覆盖式层叠缝制，下摆的褶早已满足人体正常行走的步距需求。

2.面料、里料、辅料的准备

裙子面料、里料和辅料的选择、用量以及辅料的数量见表5-40。

图5-95　规律碎褶塔裙效果图

表5-40　无规律碎褶塔裙面料、里料、辅料的准备

常用面料		在面料的选择上，范围较广，疏松柔软的棉布、泡泡纱、乔其纱、丝绸、棉绸，较厚的有牛仔布、灯芯绒、法兰绒等原料均可；可根据不同季节分别选用。 面料幅宽：144cm、150cm或165cm。 基本的估算方法：裙长+缝份5cm，如果需要对花、对格子时应当追加适当的量
常用里料		里料幅宽：144cm、150cm或165cm。 基本的估算方法：裙长+缝份5cm，如果需要对花、对格子时应当追加适当的量

续表

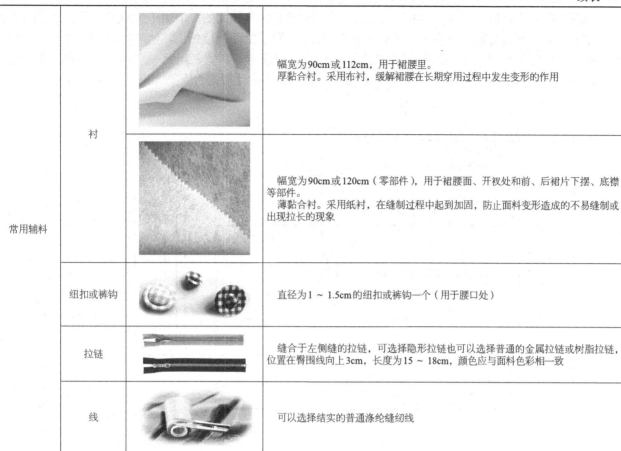

常用辅料	衬		幅宽为90cm或112cm，用于裙腰里。 厚黏合衬。采用布衬，缓解裙腰在长期穿用过程中发生变形的作用
			幅宽为90cm或120cm（零部件），用于裙腰面、开衩处和前、后裙片下摆、底襟等部件。 薄黏合衬。采用纸衬，在缝制过程中起到加固，防止面料变形造成的不易缝制或出现拉长的现象
	纽扣或裤钩		直径为1～1.5cm的纽扣或裤钩一个（用于腰口处）
	拉链		缝合于左侧缝的拉链，可选择隐形拉链也可以选择普通的金属拉链或树脂拉链，位置在臀围线向上3cm，长度为15～18cm，颜色应与面料色彩相一致
	线		可以选择结实的普通涤纶缝纫线

3. 无规律碎褶塔裙结构制图

（1）制定无规律碎褶塔裙成衣尺寸

按照所需要的人体尺寸，先制定出一个尺寸表，这里按照我国服装规格160/68A作为参考尺寸，举例说明，见表5-41。

表5-41　无规律碎褶塔裙成衣规格　　　　　　　　单位：cm

规格＼名称	裙长	腰围	下摆大	腰长	腰头宽
160/68A（M）	65	70	256	18～20	3

（2）无规律碎褶塔裙裁剪制图

无规律碎褶塔裙的结构设计重点是水平分割结构设计，按照款式设计进行起到了装饰性作用即可，最终完成款式图设计所需达到的效果，如图5-96所示。

正视图

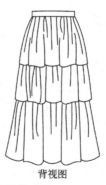
背视图

图5-96　无规律碎褶塔裙款式图

　　无规律碎褶塔裙结构是采用直接作图法来完成的纸样，这里将根据图例进行说明。

　　制图步骤：此款裙子的裙长和每层的裙长与多层碎褶塔裙是相同的，但由于此款式裙子是遮盖式碎褶裙，即下一层的上端要被上一层分别遮盖一定量，因此，除了上面一层外，其他两层的长度与前一款也就不一样。这里要分别把被上层的遮盖量加进去，如图5-97所示。裙宽采用第一层按 $W/4$ 再放2/3作抽褶量，底边二层分别按上层的1/2放出抽褶量，最终完成款式图设计所需达到的效果，如图5-97所示。

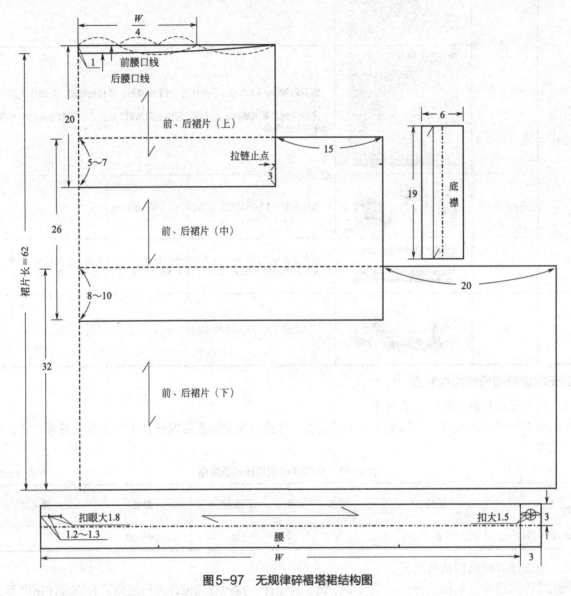

图5-97　无规律碎褶塔裙结构图

（二）曲线分割缩褶裙

1. 曲线分割缩褶裙款式说明

（1）款式特征

　　此款裙型为紧身裙，腰束合体，下摆部位收窄。由于裙子下摆尺寸的狭小，以至于无法满足人们的基本步行需求，需在裙身上设计功能性的开衩以满足人们的正常基本步距。由于其款式符合人体体态，成为女性时尚的一款裙型。紧身裙在众多的裙型中可以说是比较有特点的结构设计，是最合体裙子的代表，从腰部至臀部贴体合身，而从臀部至下摆则呈现的是内收状态，更能够体现出女性的臀部曲线美，如图5-98所示。

　　① 裙身构成：根据款式图所示，此款式为左边侧缝缩有少量碎褶，前片中部裁片也相应地设计了些碎褶，拉链开于后中心线上。

② 腰：绱腰头，开合设计缝制于后中心线上，并且在腰头处锁扣眼，装纽扣。

③ 拉链：根据本款式的需要，其拉链缝制于后中心线上，标准长度为15～18cm，由后中心线与臀围辅助线的交点向上量取3cm，此处为拉链的一端，并将此点沿着后中心线向腰头处量取装拉链所需要的量即可，其颜色应与拉链的颜色一致或者是相类似。在缝制底襟时，拉链应该放置在底襟上面且不应长于底襟。

④ 纽扣：缝制于后中腰头处，直径约为1cm，数量为1个。

（2）曲线分割缩褶裙设计的原理分析

本款结构设计首先要考虑的是裙子设计中有两个内在的功能设计，第一是应该考虑到裙子的穿脱方便需设置拉链等开合设计；第二是应该考虑到人们的正常行走步距，需要根据裙子的长短和面料的弹性来设计其下摆的大小以及后开衩的高低情况。

① 腰口的省道的处理。本款前裙片属于斜向分割线裙设计，要注意腹省的省移，通常裙子有两个腹省，省尖分布在中腰线上，本款裙子由于斜向分割的设计属于非对称结构，前片的腰部结构左右不相同，因此在腰部的省量设计上就要按照款式需求重新分配。在裙片中，第一条斜向分割线是由左腰口线至右侧缝线的一条弧线，第二条斜向分割线是由右下摆线至左侧缝线的一条弧线。腹省的省移的先将一个合并转移至下摆。另外一个省在右腰口线上处理在分割线里，在左腰口线上保留一个省；在前裙片中，斜向分割线是由右腰口线至左侧缝线的一条弧线，本款裙子在造型上与A型裙一致，在前片腰部的两个省量，先将一个合并转移至下摆。另外一个省在右腰口线上处理在分割线里，在左腰口线上保留一个省。

② 下摆的原理分析。本款的裙型为紧身裙子设计，下摆的尺度设计要满足步距的需求，本款是在后中心线处设计出功能性开衩。

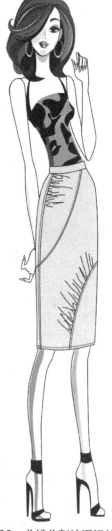

图5-98　曲线分割缩褶裙效果图

2. 面料、里料、辅料的准备

裙子面料、里料和辅料的选择、用量以及辅料的数量见表5-42。

表5-42　曲线分割缩褶裙面料、里料、辅料的准备

常用面料		本款女装裙型时尚潮流，其功能性与装饰性的完美统一，款式极具富有现代设计美感。在面料的选择上，其所选择的方面及范围较为广泛，如各种薄型毛料、涤毛混纺料、中长花呢、纯涤纶花呢罗段等，根据自身的需求选择相应档次的面料。 面料幅宽：144cm、150cm或165cm。 基本的估算方法：裙长＋缝份5cm，如果需要对花、对格子时应当追加适当的量
常用里料		里料幅宽：144cm、150cm或165cm。 基本的估算方法：裙长＋缝份5cm，如果需要对花、对格子时应当追加适当的量

续表

常用辅料	衬	 	幅宽为90cm或112cm，用于裙腰里。 厚黏合衬。采用布衬，缓解裙腰在长期穿用过程中发生变形的作用
		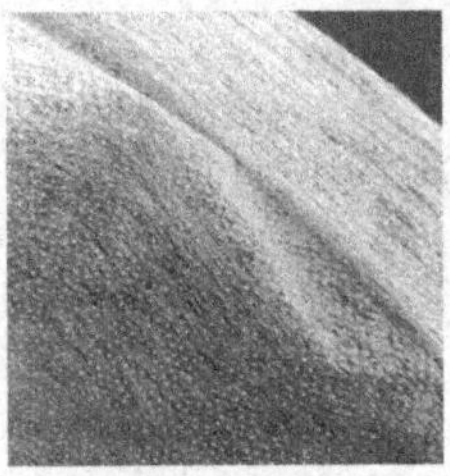	幅宽为90cm或120cm（零部件），用于裙腰面、开衩处和前、后裙片下摆、底襟等部件。 薄黏合衬。采用纸衬，在缝制过程中起到加固，防止面料变形造成的不易缝制或出现拉长的现象
	纽扣或裤钩		直径为1～1.5cm的纽扣或裤钩一个（用于腰口处）
	拉链		缝合于左侧缝的拉链，可选择隐形拉链，也可以选择普通的金属拉链或树脂拉链，位置在臀围线向上3cm，长度为15～18cm，颜色应与面料色彩相一致
	线		可以选择结实的普通涤纶缝纫线

3.曲线分割缩褶裙结构制图

（1）制定曲线分割缩褶裙成衣尺寸

按照所需要的人体尺寸，先制定出一个尺寸表，这里按照我国服装规格160/68A作为参考尺寸，举例说明，见表5-43。

表5-43　曲线分割缩褶裙成衣规格　　　　　　　　　　　　　　　　　　单位：cm

名称 规格	裙长	腰围	臀围	腰长	下摆大	腰宽
160/68A（M）	60	70	96	19	88	3

（2）曲线分割缩褶裙裁剪制图

本款裙子为曲线分割缩褶裙，裙子结构设计的重点是前身曲线分割线的设计，通过前裙片的两条曲线分割不仅解决了臀腰差量，而且通过缩褶的造型与款式设计巧妙的结合，最终完成款式图设计所需达到的效果，如图5-99所示。

正视图　　　　　　　　　　背视图

图5-99　曲线分割缩褶裙款式图

制图步骤：绘制前片分割线。前片分割线的结构设计是本款式的重点，本款的分割线为两条，第一条为前片左侧分割线，按照款式设计由前片右侧靠近前中心线的一个省位与左侧缝线臀围线至下摆线方向的14cm点连线，连成圆顺的曲线分割线，该分割线要在腰线部位处理掉一个解决臀腰差的省量，如图5-100所示；第二条为前片右侧分割线，按照款式设计由右侧缝线臀围线至下摆线方向的5cm点与下摆线距右前中线2.5cm点连线，连成圆顺的曲线分割线，如图5-100所示。

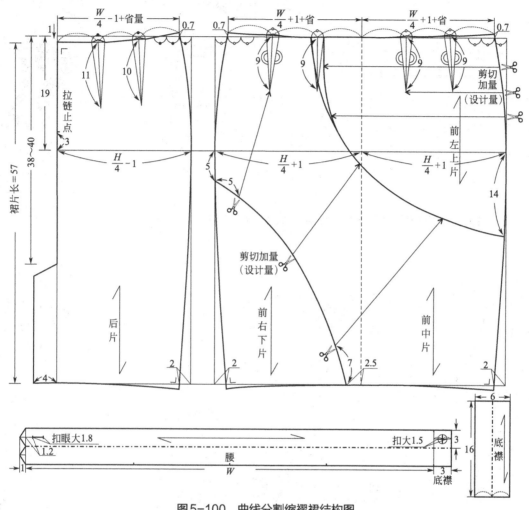

图5-100　曲线分割缩褶裙结构图

基本造型纸样绘制完成之后，就要依据生产要求对纸样进行结构处理图的绘制，修正纸样，完成结构处理图。

① 前片褶的设计。本款的结构处理的重点是缩褶的设计，第一部分为前片左侧片的结构处理，方式是将前片左侧腰部的省量全都转移至左边侧缝相应位置，若其左边侧缝所需的褶量比较大，则该转移的省量无法满足，在这种情况下可根据设计需求，将在侧缝线相应位置均匀地打上剪口，加大褶量的放量，如图5-101所示。第二部分为前片右侧片的结构处理，方式是将前片右侧腰部的省量全都转移至前片右侧分割线上，其右边分割线缝所需的褶量比较大，该转移的省量无法满足，在这种情况下可根据设计需求，也在其相应位置打上几个剪口，然后根据款式图所设计的褶量进行剪切加放，如图5-102所示。抽褶位置制图要点：以平滑圆顺的曲线将所加放量的裁片，分别沿着其外轮廓描画出来，加放量处线条一定要饱满圆顺从而达到所需的褶皱美观效果。

② 修正裙子的下摆线，在侧缝处前后片略有向下些起翘并且前后侧缝线应该相等，并且使前后下摆线与侧缝垂直，前后片在拼合时下摆线应该饱满圆顺不起凸点。

③ 仔细核对各个部位数据确保无误后用平滑的曲线修顺裙摆线，最后画顺各个部位的轮廓线，最终完成裙身结构图的绘制。

④ 标记好各个部位的对位点，在加放量完成后需要修正其轮廓线条的圆顺饱满度，最后检查一遍仔细核对各个部位信息，在确认无误的情况下完成结构图的绘制。

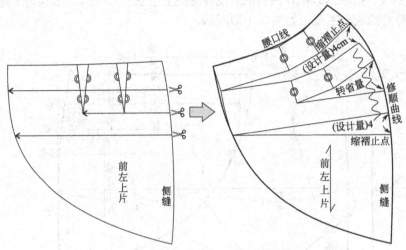

图5-101　曲线分割缩褶裙前片左侧片褶量加放结构处理图

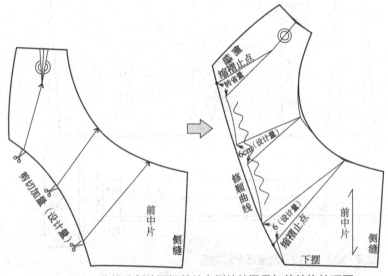

图5-102　曲线分割缩褶裙前片右侧片褶量加放结构处理图

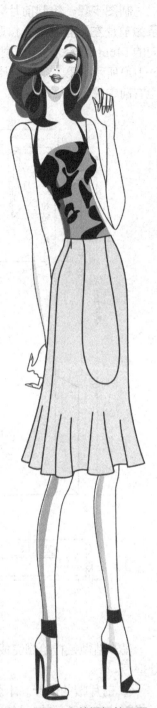

图5-103　自然褶裙效果图

（三）自然褶裙

1. 自然褶裙款式说明

（1）款式特征

本款造型为A字形，裙下摆是自然的大波浪造型，美观大方，右侧缝装隐形拉链，无腰头的连腰设计。波浪褶裙子一直是每季新潮流的单品。每个季节都有了些新变化，为了避免单调，设计师特意在分割线和省的形式上都添加了一些元素，在款式上做出一些变化，裙长可以根据季节和流行进行调节，如图5-103所示。

① 裙身构成：本款为四片裙身结构，前后各2片，裙子外形呈A字形。

② 腰：腰部前后片位无省，无腰头设计，左侧或右侧前片压后片，要根据个人习惯。

③ 拉链：隐形拉链装于侧缝，缝合于裙子右侧缝。

（2）自然褶裙的原理分析

本款自然褶裙看似与褶没关系，而实际上其下摆的设计所呈现的波浪褶的状态是自然褶的一种体现，自然褶的设计应以穿着舒适、方便、造型美观这一结构的基本功能为前提。裙子下摆设计要考虑行走的裙摆尺度。本款的裙型是在A型裙的基础上进行的裙子设计，下摆的水平分割在满足步距的需求后，加大的下摆形成的自然褶造型就是款式设计需求了。

2. 面料、里料、辅料的准备

裙子面料、里料和辅料的选择、用量以及辅料的数量见表5-44。

表5-44　自然褶裙面料、里料、辅料的准备

常用面料		在面料的选择上，选择范围较广，疏松柔软的薄面料，服装轮廓自然舒展。柔软型面料主要包括织物结构疏散的针织面料和丝绸面料以及软薄的麻纱面料等。 面料幅宽：144cm、150cm或165cm。 基本的估算方法：裙长＋缝份5cm，如果需要对花、对格子时应当追加适当的量
常用里料		里料幅宽：144cm、150cm或165cm。 基本的估算方法：裙长＋缝份5cm，如果需要对花、对格子时应当追加适当的量
常用辅料	衬		幅宽为90cm或112cm，用于裙腰里。 厚黏合衬。采用布衬，缓解裙腰在长期穿用过程中发生变形的作用
			幅宽为90cm或120cm（零部件），用于裙腰面、开衩处和前、后裙片下摆、底襟等部件。 薄黏合衬。采用纸衬，在缝制过程中起到加固，防止面料变形造成的不易缝制或出现拉长的现象
	挂钩		无腰头设计的裙子需要在腰里内部拉链的封口处缝制挂钩一个（用于腰口处）
	拉链		缝合于右侧缝隐形拉链，长度为15～18cm，颜色应与面料色彩相一致
	线		可以选择结实的普通涤纶缝纫线

3. 自然褶裙结构制图

（1）制定自然褶裙成衣尺寸

按照所需要的人体尺寸，先制定出一个尺寸表，这里按照我国服装规格160/68A作为参考尺寸，举例说明，见表5-45。

表5-45　自然褶裙成衣规格　　　　　　　　　　　　单位：cm

名称 规格	裙长	腰围	臀围	下摆大	腰长
160/68A（M）	70	70	94	231.5	18～20

（2）下自然褶裙裁剪制图

自然褶裙结构设计的重点是自然褶结构设计，裙子的分割线位置的确定应根据人体的体态需求，设定在膝围以上相应部位，既起到了装饰性作用，又起到了功能性作用，最终完成款式图设计所需达到的效果，如图5-104所示。

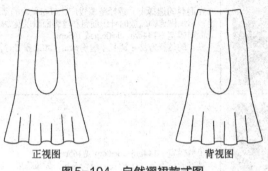

正视图　　　　　　　背视图
图5-104　自然褶裙款式图

将前后裙片的两个省道重新分配，一个省合并转移加大下摆围度，另一个保留，下摆切着放量的方法加大下摆的长度，自热悬垂后形成大的波浪造型，如图5-105所示。

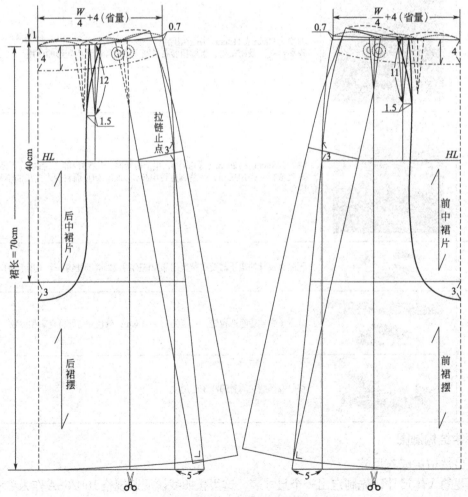

图5-105　自然褶裙结构图

基本造型纸样绘制完成之后，就要依据生产要求对纸样进行结构处理图的绘制，复核前、后下摆，并对下摆进行放量，完成结构处理图，完成腰里贴边的修正，如图5-106所示。

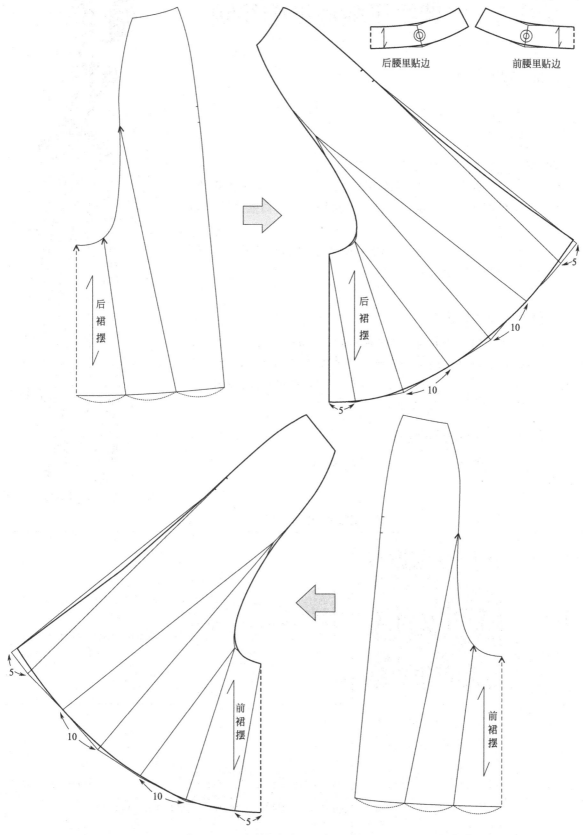

图5-106 自然褶裙裁片和腰里贴边的整合

最后修正纸样，修顺前、后下摆线，完成制图。

第五节　经典裙子裁剪纸样绘制

一、简易两片裙

（一）简易两片裙款式说明

1. 款式特征

简易两片裙是利用面料的幅宽进行设计，裙子的款式非常简单，就是两块布料组成，裙子两侧利用面料做成两个口袋，简单大方实用，裙型是宽松的自然褶造型，新颖且富有田园风情，款式自然活泼，如图5-107所示。

（1）裙身构成本款为两片裙身结构，裙子外形比较有特点，在裙身的两侧有两个立体造型的口袋。

（2）腰腰部为抽松紧带收腰的款式设计。

2. 简易两片裙的原理分析

两片分割裙的设计非常简单，就是两片布围系起来形成的裙子，即便是第一次做裙子，这样简单的裙子也难不倒每个初学者，为解决臀腰差在腰部装松紧带进行收腰设计，该裙子的重点是利用面料的幅宽进行结构设计，这样既省料又简单。

（二）面料、里料、辅料的准备

裙子面料、里料和辅料的选择、用量以及辅料的数量见表5-46。

图5-107　简易两片裙效果图

表5-46　简易两片裙面料、里料、辅料的准备

常用面料		在面料的选择范围较广上，可选用富春纺，一般涤棉细布、涤棉麻纱、乔其立绒、烂花乔其绒，各式花布、丝绸等。 面料幅宽：144cm、150cm或165cm。 基本的估算方法：裙长＋缝份5cm，如果需要对花、对格子时应当追加适当的量
常用里料		里料幅宽：144cm、150cm或165cm。 基本的估算方法：裙长＋缝份5cm，如果需要对花对格子时应当追加适当的量。 根据款式的需求、裙面的厚薄以及透明度，对裙里的要求也不同，一般裙里的长度长至膝盖，并且具有一定的弹性，围度方向要满足人体的步距

| 常用辅料 | 松紧带 | 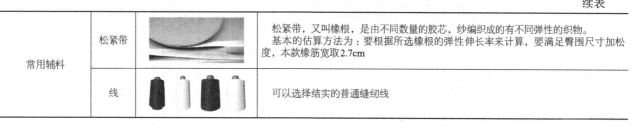 | 松紧带，又叫橡根，是由不同数量的胶芯，纱编织成的有不同弹性的织物。
基本的估算方法为：要根据所选橡根的弹性伸长率来计算，要满足臀围尺寸加松度，本款橡筋宽取2.7cm |
| | 线 | | 可以选择结实的普通缝纫线 |

（三）简易两片裙结构制图

1. 制定简易两片裙成衣尺寸

按照所需要的人体尺寸，先制定出一个尺寸表，这里按照我国服装规格160/68A作为参考尺寸，举例说明，见表5-47。

表5-47　简易两片裙成衣规格　　　　　　　　　　　　　　　　单位：cm

名称 规格	裙长	腰围	下摆大	腰宽
160/68A（M）	90	70	128	3

2. 简易两片裙裁剪制图

本款裙子为简易两片裙，最终完成款式图设计所需达到的效果如图5-108所示。

正视图　　　　　背视图

图5-108　简易两片裙款式图

简易两片裙采用直接作图法来完成纸样。简易两片裙的结构设计可根据面料的幅宽进行设计，本款采用144cm幅宽进行说明，幅宽144cm的面料，通常布边的位置有"针眼""极光""泡泡皱""起毛"等问题，这样在裁剪时都会减少有效的幅宽，本款设计去边量2cm，如图5-110所示。

（1）裙片的设计

简易两片裙属宽松结构，在结构设计上可以采用前后片相同的结构设计方法，裙长是设计量，本款取裙长90cm，去掉腰宽3cm，裙片长为87cm，裙片围度的实际尺寸的设计方法要根据所用面料的幅宽，因此在实际制图之前要先算好前后片工业样板的尺寸。设计方法为［面料幅宽144cm－去边量4cm－腰宽8cm（实际腰宽3×2+2cm缝子）－4cm缝子（前后裙片）］/2=64cm，也就是说前后裙片围度的大小尺寸为128cm，如图5-109、图5-110所示。

（2）裙片腰的设计

裙腰是抽橡筋结构，因此裙腰的腰围尺寸在设计时要大于臀围尺寸，以便于穿脱的方便，所以在腰围的尺寸设计上由前后中心线在腰线上向侧缝方向取的，是臀围尺寸而不是腰围尺寸，即H/4=25cm，如图5-109所示。

（3）口袋的设计

在裙腰线上取好腰围所需尺寸后，剩余的即为口袋口尺寸，本款的口袋口尺寸为7cm，实际袋口大为14cm，袋口的长度设计是设计量，本款取30cm，由袋口宽点与袋口长点车缝明线形成立体的口袋形态，口袋制作方法如图5-111所示。

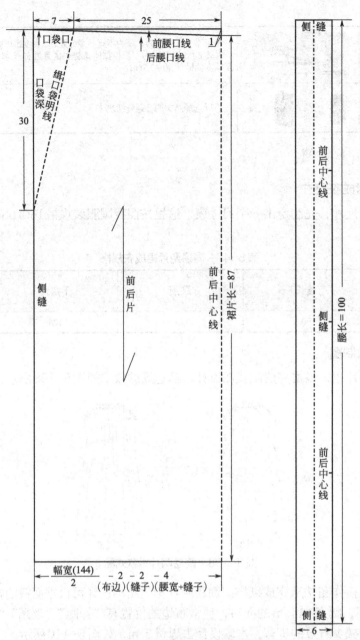

图5-109 简易两片裙结构图

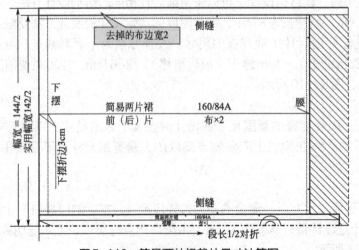

图5-110 简易两片裙裁片尺寸计算图

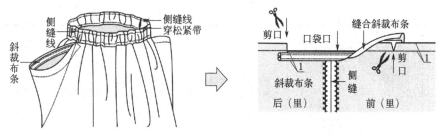

图5-111　简易两片裙口袋缝制方法

二、花瓣下摆紧身短裙

（一）花瓣下摆紧身短裙款式说明

1. 款式特征

本款式为无腰头对称式分割结构，整体造型呈现筒型且下摆略有内收。下摆造型呈现漂亮的花瓣造型，拉链装于侧缝。臀围线以上部分，有小形的三角形裁片，既起到了装饰性作用，也起到了解决臀腰差的功能性作用，裙子的长度以及款式可根据流行趋势进行相应的更改，如图5-112所示。

（1）裙身构成

在基本筒型裙的结构基础上，通过省道进行相应的裁片分割，从而产生的分割线裙身结构。整个裙子的亮点在于省与分割线之间微妙的转换与款式设计巧妙的结合。

（2）腰

腰部无腰头，要根据个人习惯，通常欧洲的服装习惯是左侧穿脱，我国习惯右侧穿脱，侧缝装隐形拉链。

（3）拉链

采用隐性拉链，拉链装于左侧缝。

2. 款式重点

（1）腰口的结构设计

本款裙子为无腰头竖线分割裙。在原型的基础上对此款裙型进行结构制图，设计的重点要按照款式需求考虑分割线的位置，重点是通过前身竖向分割在前腰部的三角形分割裁片将前片腰省处理掉，解决了臀腰差。

（2）下摆的原理分析

本款的裙型为紧身裙，是要考虑下摆行走的裙摆尺度，本款裙型的下摆为花瓣造型，不仅解决下摆尺度的不足，又有设计感，美观大方。

（二）面料、里料、辅料的准备

裙子面料、里料和辅料的选择以及用量见表5-48。

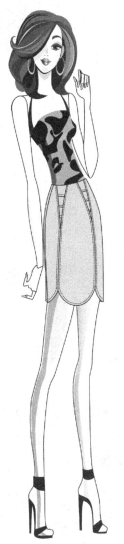

图5-112　花瓣下摆紧身短裙效果图

表5-48　花瓣下摆紧身短裙面料、里料、辅料的准备

常用面料	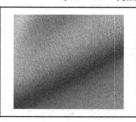	面料可选择制作西服所需的驼丝锦、贡丝锦，也可选用哔叽、凡立丁、格呢均可质地柔软兼具款型性的面料，造型线条光滑，服装轮廓自然舒展。 面料幅宽：144cm、150cm或165cm。 基本的估算方法：裙长＋缝份5cm，如果需要对花、对格子时应当追加适当的量

常用里料	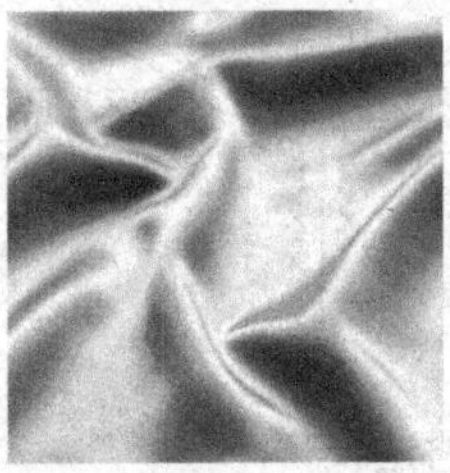	里料幅宽：144cm、150cm或165cm。 基本的估算方法：裙长＋缝份5cm，如果需要对花、对格子时应当追加适当的量
常用辅料	衬	 幅宽为90cm或112cm，用于裙腰里。 厚黏合衬。采用布衬，缓解裙腰在长期穿用过程中发生变形的作用
		 幅宽为90cm或120cm（零部件），用于裙前、后裙片下摆、底襟等部件。 薄黏合衬。采用纸衬，在缝制过程中起到加固，防止面料变形造成的不易缝制或出现拉长的现象
	挂钩	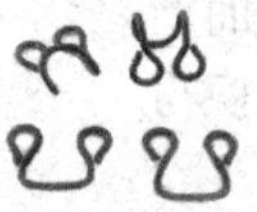 无腰头设计的裙子需要在腰里内部拉链的封口处缝制挂钩一个（用于腰口处）
	拉链	 缝合于右侧缝的拉链，可选择隐形拉链，长度为15～18cm，颜色应与面料色彩相一致
	线	 可以选择结实的普通涤纶缝纫线

（三）花瓣下摆紧身短裙结构制图

1. 制定花瓣裙成衣尺寸

按所需的人体尺寸，先制定出一个尺寸表，这里按照我国服装规格160/68A作为参考尺寸，举例说明，见表5-49。

表5-49　花瓣下摆紧身短裙成衣规格　　　　　　　　　单位：cm

名称 规格	裙长	腰围	臀围	下摆大	腰长
160/68A（M）	45	70	94	102	18～20

2. 花瓣下摆紧身短裙裁剪制图

本款裙子结构设计的重点是分割线解决省道结构设计。裙子的分割线位置根据款式需要设计，解决臀腰差形成分割线造型，同时起到了装饰性作用，最终完成款式图设计所需达到的效果，如图5-113所示。

本款的设计重点为竖向分割线，将前、后腰线平分为4等分，取中点；将前、后下摆线平分为2等分，取中点向侧缝方向取2cm点，两点连线，确定出竖向分割线辅助线，由该辅助线和臀围线的交点向

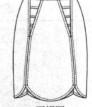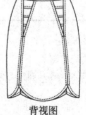

正视图　　　　背视图

图5-113　花瓣下摆紧身短裙款式图

腰线方向取3cm点，分别与前、后腰线靠近中线和侧缝的4等分连线，形成"Y"字型的竖向分割线，分别绘制出前、后片分割线，如图5-114所示。本款的省巧妙地隐藏在"Y"字型的竖向分割线里，由竖向分割在前、后腰口线的两个交点将原型中两个省量分别移至靠近中线和侧缝分割线中，并与竖向分割线辅助线和臀围线的交点向腰线方向取3cm点连线，绘制出省尖，形成前、后片腰部插片，如图5-114所示。

基本造型纸样绘制完成之后，就要依据生产要求对纸样进行结构处理图的绘制，最后修正纸样完成制图，其基本省道的操作方法可参照结构处理图，如图5-115所示。

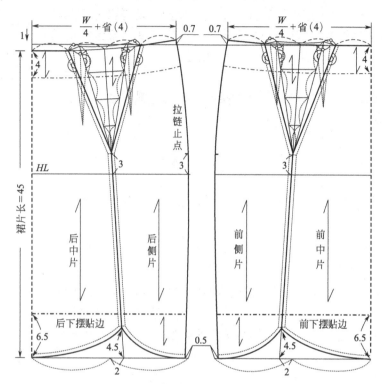

图5-114　花瓣下摆紧身短裙结构图

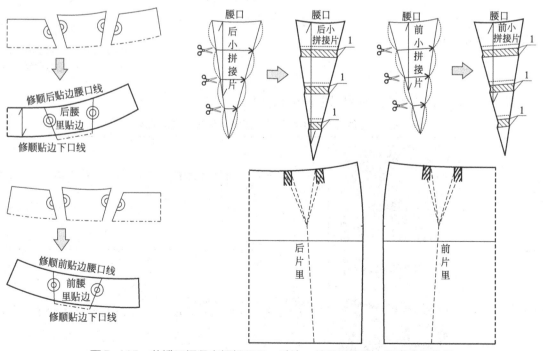

图5-115　花瓣下摆紧身短裙腰里、贴边、前后拼接片、里子结构处理

三、立体弧形省中长紧身裙

（一）立体弧形省中长紧身裙的款式说明

1. 款式特征

该款裙子为紧身裙，这类造型以简约、流畅的线条感为特征，能够很好地体现出人体轮廓的曲线美，腰部装有符合人体体态曲线的裙腰，在前后片上各有两个明弧形省，前裙片下摆设计有弧形的造型设计。紧身裙子可以修饰腿形，勾勒出女性美妙的曲线。紧身裙与吊带上衣的组合清新雅致相得益彰，省和下摆的设计点简单而又创意，如图5-116所示。

（1）裙身构成

前后裙片为整片设计，两侧收摆，前后片腰部各有两个弧形省，前片下摆处有曲线分割并且形成一个弧形的开口。

（2）腰

本款的裙腰在腰线以下，装曲线腰头，宽度为设计量3cm。

（3）拉链

拉链装于侧缝，缝合于裙子左侧缝，装普通树脂或金属拉链，目前多采用隐性拉链。

2. 款式重点

（1）腰口的省道结构设计

本款裙子的一个设计重点是裙子省的设计，裙片的省道变化突破了常规，将省道缝合后直接呈现在外面，设计为独特的明省，既满足了合体的结构要求，又构成了巧妙的装饰设计，前片省的形状是向外扩张，后片是向内回收，可以起到修饰人体体型的作用。

（2）下摆的原理分析

本款裙型为紧身裙，要考虑下摆行走的裙摆尺度，本款裙子的结构设计重点是在前片的下摆处有曲线分割，并且在下摆形成一个弧形的开口，起到开衩的作用，成为本款裙子的设计亮点，弧形的设计既满足人体正常行走的需求又有很好的装饰效果。

图5-116 立体弧形省中长紧身裙效果图

（二）面料、里料、辅料的准备

裙子面料、里料和辅料的选择以及用量见表5-50。

表5-50 立体弧形省中长紧身裙面料、里料、辅料的准备

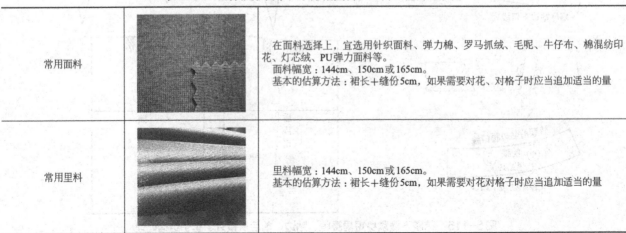

常用面料		在面料选择上，宜选用针织面料、弹力棉、罗马抓绒、毛呢、牛仔布、棉混纺印花、灯芯绒、PU弹力面料等。 面料幅宽：144cm、150cm或165cm。 基本的估算方法：裙长＋缝份5cm，如果需要对花、对格子时应当追加适当的量
常用里料		里料幅宽：144cm、150cm或165cm。 基本的估算方法：裙长＋缝份5cm，如果需要对花对格子时应当追加适当的量

续表

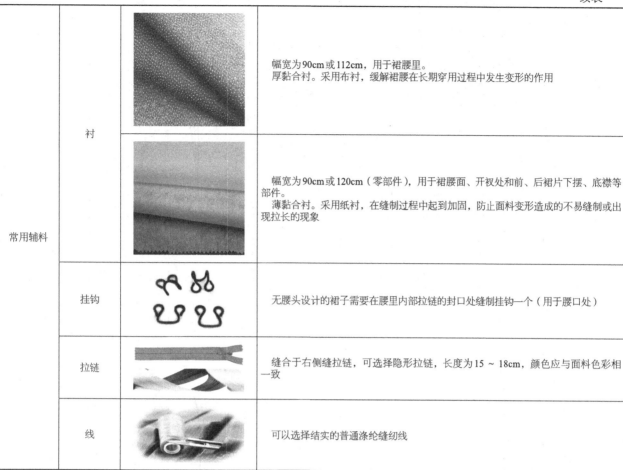

常用辅料	衬		幅宽为90cm或112cm，用于裙腰里。 厚黏合衬。采用布衬，缓解裙腰在长期穿用过程中发生变形的作用
			幅宽为90cm或120cm（零部件），用于裙腰面、开衩处和前、后裙片下摆、底襟等部件。 薄黏合衬。采用纸衬，在缝制过程中起到加固，防止面料变形造成的不易缝制或出现拉长的现象
	挂钩		无腰头设计的裙子需要在腰里内部拉链的封口处缝制挂钩一个（用于腰口处）
	拉链		缝合于右侧缝拉链，可选择隐形拉链，长度为15～18cm，颜色应与面料色彩相一致
	线		可以选择结实的普通涤纶缝纫线

（三）立体弧形省中长紧身裙结构制图

1. 制定立体弧形省中长紧身裙成衣尺寸

按照所需要的人体尺寸，先制定出一个尺寸表，这里按照我国服装规格160/68A作为参考尺寸，举例说明，见表5-51。

表5-51　立体弧形省中长紧身裙成衣规格
单位：cm

规格 ＼ 名称	裙长	腰围	臀围	下摆大	腰长	腰头宽
160/68A（M）	60	70	94	109	18～20	3

2. 立体弧形省中长紧身裙裁剪制图

裙子前后片各有两个弧形明省，是在裙原型的基础上将腰省进行重新分配，分别将前后腰口中的一个省转移掉。其中一半的省量在侧缝处消化掉；另一半的省量则在保留的省的两端消化掉。本款裙子前片的曲线分割线是具有结构作用的功能性分割线，又起到装饰作用。通过曲线分割线设计出开衩解决下摆的尺度，满足步距需求，最终完成款式图设计所需达到的效果，如图5-117所示。

本款裙型结构操作步骤如图5-118、图5-119所示。

基本造型纸样绘制完成之后，就要依据生产要求对纸样进行结构处理图的绘制，对前、后片腰进行结构处理，将前后腰

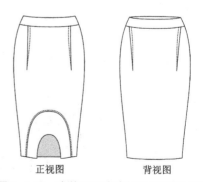

正视图　　　　背视图

图5-117　立体弧形省中长紧身裙款式图

口处的省合并，最后将各轮廓线画圆顺，完成结构处理图，如图5-120所示。

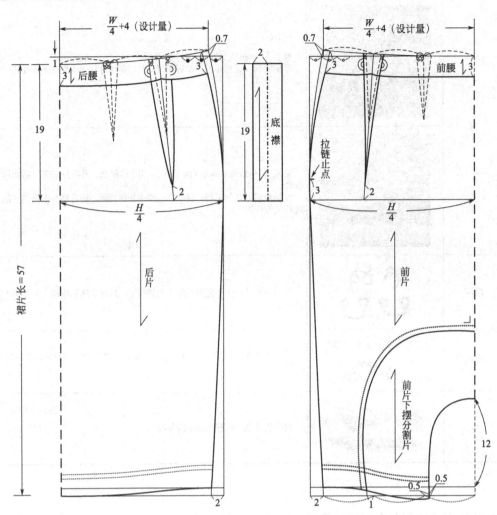

图5-118　立体弧形省中长紧身裙省量结构图

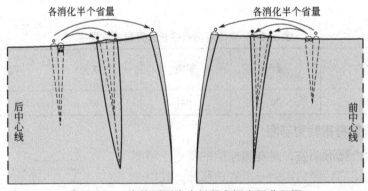

图5-119　立体弧形省中长紧身裙省量分配图

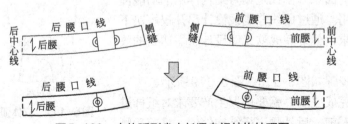

图5-120　立体弧形省中长紧身裙结构处理图

四、超短蓬蓬裙

（一）超短蓬蓬裙款式说明

1. 款式特征

本款裙子属于半适身裙，底摆处呈立体自然褶皱的状态，立裁式的设计将女性独有的气质表达出来。腰部为无腰式，拉链装在后中心的位置且为明拉链，不仅具有实用功能，还具有一定的装饰性，本款裙子是近年流行的立体裙子造型，立体的裙摆使裙子充满了浪漫的想象，如图5-121所示。

（1）裙身构成

前后裙片在两侧均有竖向分割线，裙侧位置设有侧插片，侧插片在下摆处形成自然褶皱的方摆状态。

（2）腰

无腰头设计，后中心线处绱隐形拉链。

（3）拉链

在臀围线向上3cm处的后中心线上装拉链，长度为15～18cm，拉链的颜色应当选用与面料色彩一致。

2. 超短蓬蓬裙的原理分析

本款裙子将臀腰差量以省的形式均匀分布在腰口线上，然后将前后腰口中的一部分省量按照切展的原理合并，对应省道的下摆自然张开且臀围略有增大，裙子的结构设计的重点裙摆的自然褶设计，将裙子的侧缝片按照款式分离出来并进行切展放量，加大下摆尺度，使裙子的下摆处呈现自然散开的立体效果。

（二）面料、里料、辅料的准备

裙子面料、里料和辅料的选择以及用量见表5-52。

图5-121 超短蓬蓬裙效果图

表5-52 超短蓬蓬裙面料、里料、辅料的准备

常用面料			在面料选择上，可选择鹿皮绒、绵羊皮、太空棉、潜水服面料、牛仔布、棉质提花面料等，不同的面料可呈现出不同的风格特征。 面料幅宽：144cm、150cm或165cm。 基本的估算方法：裙长+缝份5cm，如果需要对花、对格子时应当追加适当的量
常用里料			里料幅宽：144cm、150cm或165cm。 基本的估算方法：裙长+缝份5cm，如果需要对花、对格子时应当追加适当的量。 腰部为无腰式，里料要与裙里相接，根据款式的需求、裙面的厚薄及透明度，对裙里的要求也不相同，一般裙里的长度比裙面短，颜色最好与裙面相同或相近，并且要有一定的弹性，围度方向要满足人体基本的步距
常用辅料	衬		幅宽为90cm或112cm，用于裙腰里。 厚黏合衬。采用布衬，缓解裙腰在长期穿用过程中发生变形的作用
			幅宽为90cm或120cm（零部件），用于裙腰面、开衩处和前、后裙片下摆、底襟等部件。 薄黏合衬。采用纸衬，在缝制过程中起到加固，防止面料变形造成的不易缝制或出现拉长的现象

| 常用辅料 | 明拉链 | | 缝合于后中心线金属拉链，长度为15～18cm，颜色应与面料色彩相一致 |
| | 线 | | 可以选择结实的普通涤纶缝纫线 |

（三）超短蓬蓬裙结构制图

1.制定超短蓬蓬裙成衣尺寸

按照所需要的人体尺寸，先制定出一个尺寸表，这里按照我国服装规格160/68A作为参考尺寸，举例说明，见表5-53。

表5-53　超短蓬蓬裙成衣规格　　　　　　　　　　　　　　　　　　　　　单位：cm

名称 规格	裙长	腰围	臀围	下摆大	腰长
160/68A（M）	37	70	102	163	19

2.超短蓬蓬裙裁剪制图

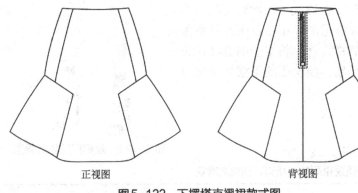

正视图　　　　　　　　　　背视图

图5-122　下摆塔克褶裙款式图

超短蓬蓬裙结构设计的重点是裙摆的自然褶结构设计，按照款式设计最终完成款式图设计所需达到的效果，如图5-122所示。

本款裙子为分割线和自然褶组合的半适身裙，本款裙型结构具体操作步骤如图5-123所示。

基本造型纸样绘制完成之后，就要依据生产要求对纸样进行结构处理图的绘制，修正纸样，完成结构处理图。

（1）裙衣身的处理

① 后片省的合并与切展。沿后片的切展基准线由下摆处剪切至省尖，以省尖为定点，合并后腰口中的一个省，同时沿基准线展开，然后将腰口处修顺，腰口的曲线弧度要符合人体的腰腹状态。最后再将下摆处画圆顺，如图2-124所示。

② 前片省的合并与切展。沿前片的切展基准线由下摆处剪切至省尖，以省尖为定点，合并其中的一个省同时沿基准线展开，然后将腰口处修顺，同样，腰口的曲线弧度要符合人体的腰腹状态；最后将下摆处画圆顺，如图2-124所示。

③ 裙摆插片的处理。本款结构处理的重点是裙摆的立体设计。下摆的合并与切展。首先将前后插片由侧缝合并形成一个整体的裙片。切展的步骤如下：第一步是沿合并的侧缝由下摆处向上剪切，以上端点为定点将对下摆进行切展，在侧缝处展开设计量8cm下摆展放量；第二步是分别沿前、后片的分割线由下摆处向上剪切，以上端点为定点将对下摆进行切展，在分割线处展开设计量8cm下摆展放量；这里展开量的大小并不是固定形式，可以根据款式造型的需要进行自由设计；最后画顺各部位轮廓线，完成裙身制图，如图2-124所示。

（2）裙腰里贴边

将前后腰口贴边进行省的合并，最后画顺轮廓线，完成裙腰里贴边制图，如图2-125所示。

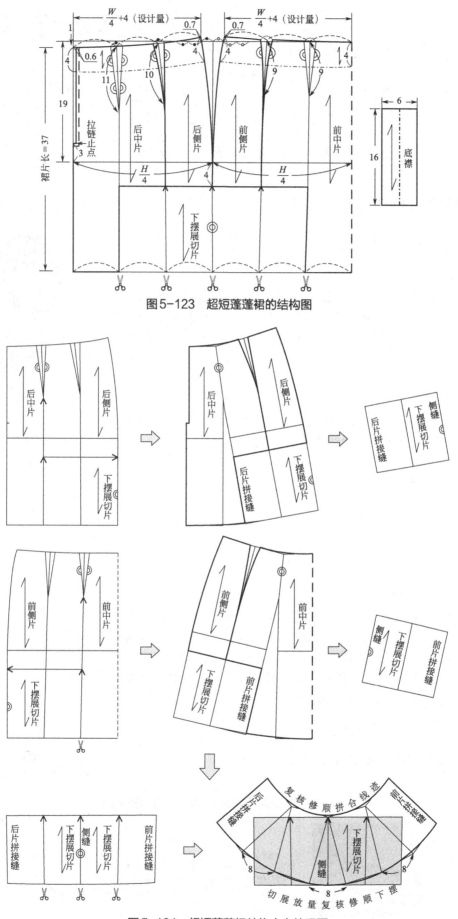

图5-123 超短蓬蓬裙的结构图

图5-124 超短蓬蓬裙结构衣身处理图

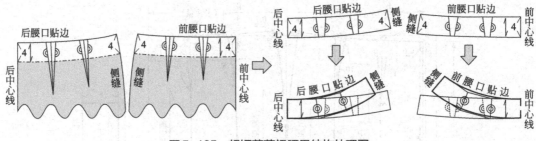

图5-125　超短蓬蓬裙腰里结构处理图

五、侧插袋紧身裙

（一）侧插袋紧身裙的款式说明

1. 款式特征

该款组合裙属于紧身裙，从腰部到臀部都是贴身合体的，臀部至下摆呈收紧的状态。能够很好地体现女性的人体曲线，喜欢裙装的女孩子自然会懂得短裙的魅力，不同于长裙的妩媚，它散发的是一种活泼的女人味，短裙可以与吊带衫、衬衫、高领针织衫、短款小西服和针织开衫等搭配穿着，体现女性的知性美，如图5-126所示。

（1）裙身构成

裙子呈紧身状态，前片有竖向省道线，省道与侧缝装有育克，两侧还设有斜插袋；后片有单省以及曲线分割线，后片破中缝。

（2）腰

腰部为装腰式，后中心线处绱隐形拉链。

（3）裙襻

前后腰各有2个裙襻。

（4）拉链

在臀围线向上3cm处的后中心线上装拉链。

2. 侧插袋紧身裙的原理分析

本款裙子为省道和曲线分割组合的紧身裙，裙子结构设计的重点看上去是与后片曲线分割相连的前身曲线分割线的设计，但实际上是通向前省道的袋口立体覆片，通过前裙片的两条省线袋口立体覆片固定，不仅解决了臀腰差量，而且通过立体造型与款式设计巧妙的结合，使整体裙子设计在功能性与设计性能更好地结合。

（二）面料、里料、辅料的准备

裙子面料、里料和辅料的选择以及用量见表5-54。

图5-126　侧插袋紧身裙效果图

表5-54　侧插袋紧身裙面料、里料、辅料的准备

常用面料		在面料选择上，可选择鹿皮绒、绵羊皮、太空棉、潜水服面料、牛仔布、棉质提花面料等，不同的面料可呈现出不同的风格特征。 面料幅宽：144cm、150cm或165cm。 基本的估算方法：裙长＋缝份5cm，如果需要对花、对格子时应当追加适当的量

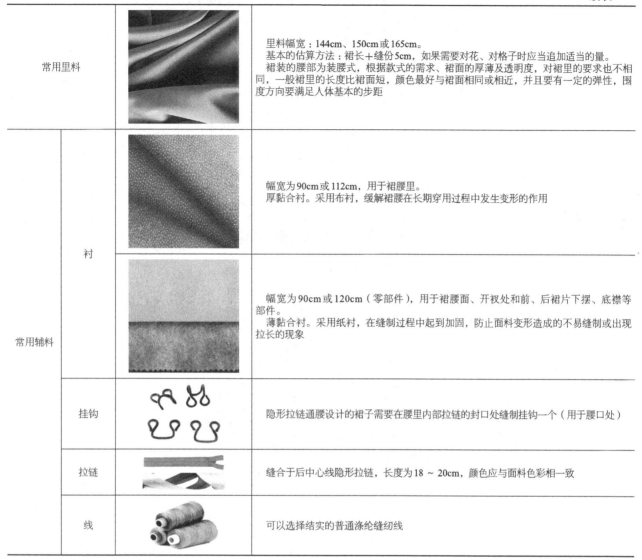

常用里料			里料幅宽：144cm、150cm或165cm。 基本的估算方法：裙长＋缝份5cm，如果需要对花、对格子时应当追加适当的量。 裙装的腰部为装腰式，根据款式的需求、裙面的厚薄及透明度，对裙里的要求也不相同，一般裙里的长度比裙面短，颜色最好与裙面相同或相近，并且要有一定的弹性，围度方向要满足人体基本的步距
常用辅料	衬		幅宽为90cm或112cm，用于裙腰里。 厚黏合衬。采用布衬，缓解裙腰在长期穿用过程中发生变形的作用
			幅宽为90cm或120cm（零部件），用于裙腰面、开衩处和前、后裙片下摆、底襟等部件。 薄黏合衬。采用纸衬，在缝制过程中起到加固，防止面料变形造成的不易缝制或出现拉长的现象
	挂钩		隐形拉链通腰设计的裙子需要在腰里内部拉链的封口处缝制挂钩一个（用于腰口处）
	拉链		缝合于后中心线隐形拉链，长度为18～20cm，颜色应与面料色彩相一致
	线		可以选择结实的普通涤纶缝纫线

（三）侧插袋紧身裙结构制图

1. 制定侧插袋紧身裙成衣尺寸

按照所需要的人体尺寸，先制定出一个尺寸表，这里按照我国服装规格160/68A作为参考尺寸举例说明，见表5-55。

表5-55 侧插袋紧身裙成衣规格 单位：cm

名称 规格	裙长	腰围	臀围	下摆大	腰长	腰宽
160/68A（M）	50	70	102	163	19	3

2. 侧插袋紧身裙裁剪制图

侧插袋紧身裙款式设计最终款式图的效果如图5-127所示。

侧插袋是本款裙子的一个设计点，其制图画法是由前腰口起翘点在前腰线上向前中方向量出4cm来确定插袋的一点，由臀围线与前侧缝线的交点在侧缝线上向腰线方向量出3cm来确定另一点，然后连接两点确定出口袋的形状。平行口袋做3cm平行线，确定出袋口贴边。由臀围线与前侧缝线的交点在侧缝线上向下摆方向量出4cm来确定袋布深度，做水平线，取袋布宽13cm，袋布宽13cm点作垂线至前腰口线，确定出袋深，确定出口袋布，如图5-129所示。

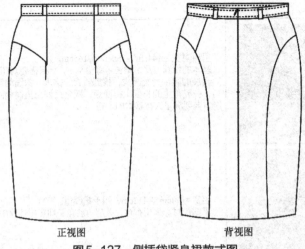

正视图　　　　　　　　　　背视图

图5-127　侧插袋紧身裙款式图

侧插袋紧身裙裙型结构操作步骤如图5-128所示。

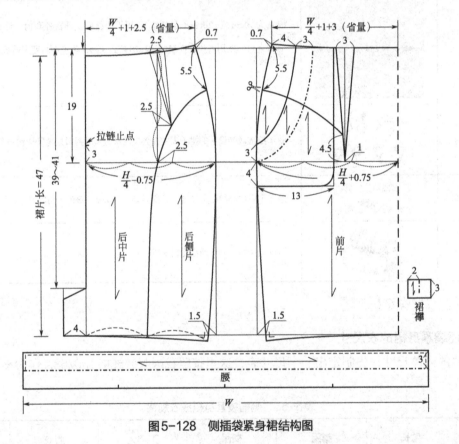

图5-128　侧插袋紧身裙结构图

3. 修正纸样

基本造型纸样绘制完成之后，就要依据生产要求对纸样进行结构处理图的绘制，修正纸样，完成结构处理图。

（1）前腰袋口覆片

本款结构处理的重点是前腰袋口覆片的立体设计。首先将前腰袋口覆片分离出来，将前腰袋口覆片的腰口线平分为2等分，由2等分作垂线至前腰袋口覆片线，将前腰袋口覆片线与垂线的交点，作切展放量，放量为2cm（设计量），作出前腰袋口覆片立体造型设计，如图5-130所示。

（2）前腰袋口覆片贴边

做新的前腰袋口覆片线平行线3cm，绘制出前腰袋口覆片贴边，如图5-130所示。

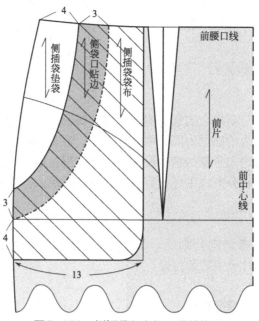

图5-129　侧插袋紧身裙口袋结构图

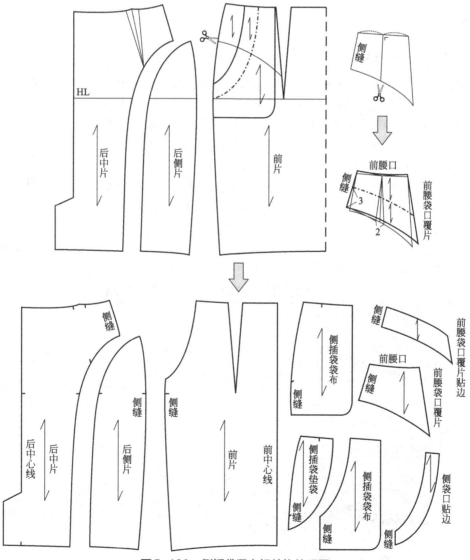

图5-130　侧插袋紧身裙结构处理图

六、多条斜线紧身裙

（一）多条斜线紧身裙的款式说明

1. 款式特征

本款裙子为斜向分割和曲线分割组合的紧身裙，修身的剪裁，恰到好处的分割处理，简洁大方，整体给人的感觉为简约中带有奢华，含蓄中蕴藏高贵，细节中体现完美。前片多层斜向分割的结构设计带有韵律感，曲线分割能够更加体现出女性的柔性美，在分割线中还设有开衩，以便满足人体正常的行走，如图5-131所示。

（1）裙身构成

裙子呈紧身状态，前片有4条斜向分割线，在裙子的左侧设有曲线分割，并在分割线中含有开衩，后片破中缝装拉链。

（2）腰

腰部为装腰式，后中心线处绱隐形拉链。

（3）裙襻

前后腰各有2个裙襻。

（4）拉链

在臀围线向上3cm处的后中心线上装拉链。

2. 多条斜线紧身裙的原理分析

裙子是由斜向分割和曲线分割组合的紧身裙，设计重点是按照款式需求考虑分割线的位置。分割线位置的确定需要考虑款式造型的美观性，同时前片分割片中省量的解决是结构处理中的重点，本款裙子前片的分割线并不是每一条都是具有结构作用的功能性分割线，在前片的4条斜向分割线中，从上至下的3条分割线属于功能性分割线，通过斜向分割线解决臀腰差省量。剩余的1条分割线则只是起到装饰作用，属于装饰分割线。在前片的1条曲线分割线中，通过曲线分割线设计出开衩解决下摆的尺度，满足步距需求。

（二）面料、里料、辅料的准备

图5-131 多条斜线紧身裙效果图

裙子面料、里料和辅料的选择以及用量见表5-56。

表5-56 多条斜线紧身裙面料、里料、辅料的准备

常用面料		在面料选择上，可选择麂皮绒、绵羊皮、太空棉、潜水服面料、牛仔布、棉质提花面料等，不同的面料可呈现出不同的风格特征。 面料幅宽：144cm、150cm或165cm。 基本的估算方法：裙长+缝份5cm，如果需要对花、对格子时应当追加适当的量
常用里料		里料幅宽：144cm、150cm或165cm。 基本的估算方法：裙长+缝份5cm，如果需要对花、对格子时应当追加适当的量。 腰部为装腰式，根据款式的需求、裙面的厚薄及透明度，对裙里的要求也不相同，一般裙里的长度比裙面短，颜色最好与裙面相同或相近，并且要有一定的弹性，围度方向要满足人体基本的步距

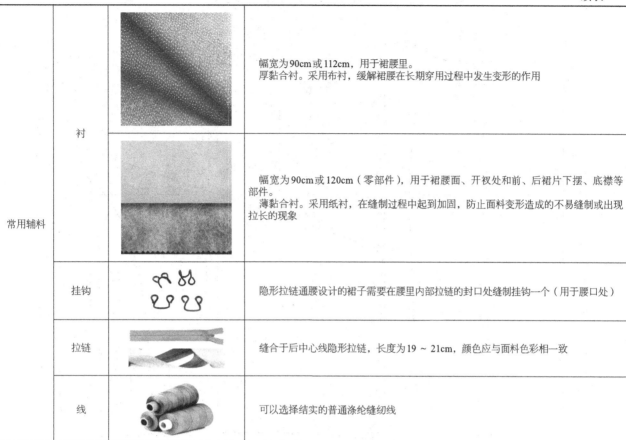

常用辅料	衬		幅宽为90cm或112cm，用于裙腰里。 厚黏合衬。采用布衬，缓解裙腰在长期穿用过程中发生变形的作用
			幅宽为90cm或120cm（零部件），用于裙腰面、开衩处和前、后裙片下摆、底襟等部件。 薄黏合衬。采用纸衬，在缝制过程中起到加固，防止面料变形造成的不易缝制或出现拉长的现象
	挂钩		隐形拉链通腰设计的裙子需要在腰里内部拉链的封口处缝制挂钩一个（用于腰口处）
	拉链		缝合于后中心线隐形拉链，长度为19～21cm，颜色应与面料色彩相一致
	线		可以选择结实的普通涤纶缝纫线

（三）多条斜线紧身裙结构制图

1. 制定多条斜线紧身裙成衣尺寸

按照所需要的人体尺寸，先制定出一个尺寸表，这里按照我国服装规格160/68A作为参考尺寸，举例说明，见表5-57。

表5-57　多条斜线紧身裙成衣规格　　　　　　　　　　单位：cm

名称 规格	裙长	腰围	臀围	下摆大	腰长	腰宽
160/68A（M）	55	71	94	83	19	3

2. 多条斜线紧身裙裁剪制图

多条斜线紧身裙按照款式设计最终完成的款式图效果，如图5-132所示。

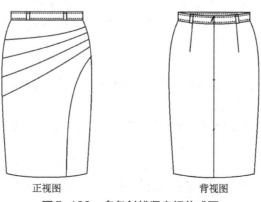

正视图　　　　　　　　　　背视图

图5-132　多条斜线紧身裙款式图

本款裙子为侧插袋紧身裙，其裙型结构操作步骤如图5-133所示。

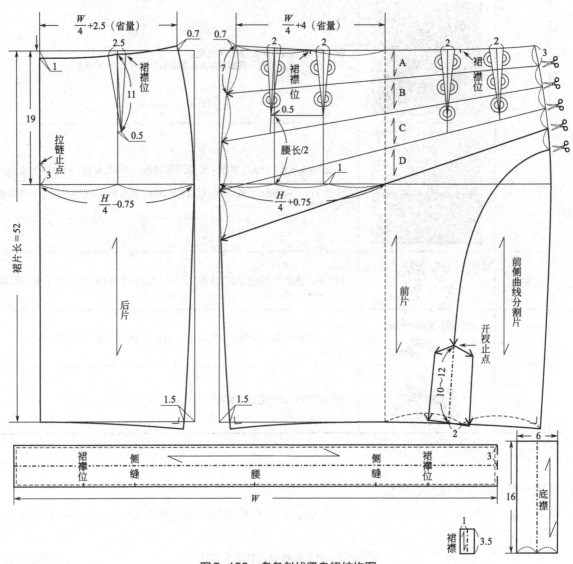

图5-133　多条斜线紧身裙结构图

3.修正纸样

基本造型纸样绘制完成之后，就要依据生产要求对纸样进行结构处理图的绘制，对前片分割片进行结构处理，完成结构处理图。

（1）分割裙片

首先按从上到下的顺序沿各个分割线剪开，形成A、B、C、D四个分割片，分割片A、B、C中包含一定的省量，而分割片D只起到装饰性的作用，按照从上至下的顺序依次对分割片A、B、C进行结构处理，如图5-134所示。

（2）分割片A

将前中心线固定，从左至右依次合并各个省，最后将其外轮廓画圆顺。

（3）分割片B

首先将分割片中的两个省延长至分割线上，再将前中心线固定，从左至右依次合并各个省，最后将其外轮廓画圆顺。

（4）分割片C

首先将分割片中的两个省延长至分割线上，再将前中心线固定，从左至右依次合并各个省，最后将其外轮廓画圆顺。

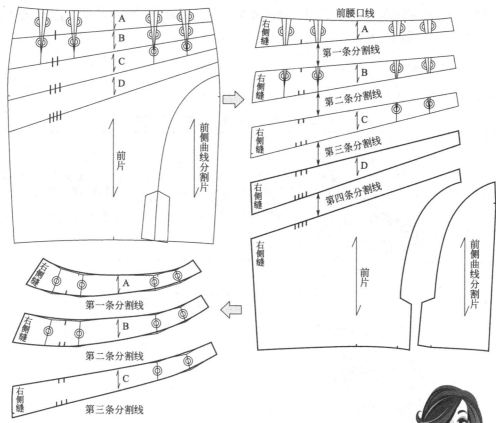

图5-134　多条斜线紧身裙结构处理图

七、立体花苞裙

（一）立体花苞裙的款式说明

1. 款式特征

本款裙型是富有现代设计美感的立体造型，带来强烈的视觉装饰感，散开的廓型非常时髦有型。新颖独特的设计，非常有气质大方优雅，大气立体的剪裁，包容各种身材，尽显优雅气场。功能上与装饰性很好地结合，使款式更倾向于装饰性，视觉冲击性很强，衬托出女性人体曲线美，很符合当代人们的审美习惯与需求，如图5-135所示。

（1）裙身构成

在基本六片式裙型中加以切展变化而得来的立体造型，裙子外形比较饱满，下摆外乍呈波浪状，立体感很强。

（2）腰

腰部为装腰式，将腰头安装于右侧侧缝的相应位置，并且在腰头处锁眼钉扣，装纽扣。

（3）拉链

在臀围线向上3cm处的右侧缝装拉链。

（4）纽扣

直径为1cm的纽扣一个（缝制于腰口处）。

2. 立体花苞裙的原理分析

立体花苞裙的结构设计重点是按照款式需求设计裙身曲线裁片分割的立体造型，通过在基本六片式裙型的基础上进行曲线分割，将曲线分割出

图5-135　立体花苞裙效果图

来的裁片进行剪切加量，形成如本款款式图所示的立体分割造型设计，最终裙片下摆部位形成外展的效果，并且下摆位置应当形成规律波浪效果。

（二）面料、里料、辅料的准备

裙子面料、里料和辅料的选择以及用量见表5-58。

表5-58　立体花苞裙面料、里料、辅料的准备

常用面料		面料的选择范围比较广，为了满足款式的立体造型需求，达到更好的设计效果，应该选择较为硬挺一些的面料，如各种中厚毛料、涤毛混纺料等。 面料幅宽：144cm、150cm或165cm。 基本的估算方法：裙长＋缝份5cm，如果需要对花、对格子时应当追加适当的量
常用里料		里料幅宽：144cm、150cm或165cm。 基本的估算方法：裙长＋缝份5cm，如果需要对花、对格子时应当追加适当的量。 腰部为装腰式，根据款式的需求、裙面的厚薄及透明度，对裙里的要求也不相同，一般裙里的长度比裙面短，颜色最好与裙面相同或相近，并且要有一定的弹性，围度方向要满足人体基本的步距
常用辅料	衬	幅宽为90cm或112cm，用于裙腰里。 厚黏合衬。采用布衬，缓解裙腰在长期穿用过程中发生变形的作用
		幅宽为90cm或120cm（零部件），用于裙腰面、开衩处和前、后裙片下摆、底襟等部件。 薄黏合衬。采用纸衬，在缝制过程中起到加固，防止面料变形造成的不易缝制或出现拉长的现象
	纽扣或裤钩	直径为1～1.5cm的纽扣或裤钩一个（用于腰口处）
	拉链	缝合于后中心线隐形拉链，长度为18～20cm，颜色应当与面料色彩相一致
	线	可以选择结实的普通涤纶缝纫线

（三）立体花苞裙结构制图

1. 制定立体花苞裙成衣尺寸

按照所需要的人体尺寸，先制定出一个尺寸表，这里按照我国服装规格160/68A作为参考尺寸，举例

说明，见表5-59。

表5-59　立体花苞裙成衣规格　　　　　　　　　　　　　　　　单位：cm

规格 ＼ 名称	裙长	腰围	臀围	下摆大	腰长	腰宽
160/68A（M）	55	70	119	269	18	3

2. 立体花苞裙裁剪制图

立体花苞裙按照款式设计最终完成的款式图效果如图5-136所示。

本款裙子结构简单独特，首先将臀腰差所产生的省量通过裙片中，弯曲的分割线将其消化掉。此款式是以曲线的形式进行分割的基本款式，立体分割线设计是本款的设计重点。本款的立体造型结构是建立在六片式基本裙型结构基础上进行对的

正视图　　　　　背视图　　　　　侧视图

图5-136　立体花苞裙款式图

曲线裁片分割处理。绘制前、后片分割线时，首先确定的是与裙身相连的第一条曲线分割线的位置。再将前、后臀围线平均分为6等分，取靠近前、后中心线的第2、第3等分点和侧缝的第1等分点分别做垂直于下摆线的裁片分割线，在臀围线上过第2、第3等分点与前、后腰省位线8.5cm的省尖点作弧线，形成前后片曲线分割造型。由过后侧缝的第1等分点的裁片分割线与臀围线的交点过前后省尖点与前后侧缝线的交点作弧线，形成前后侧缝片曲线分割造型。绘制出前后裁片的外轮廓，确定出第一条曲线分割线，如图5-137所示。首先将相应部位通过曲线分割将裁片取出然后进行切展加放量（设计量），完成第一次切展后进行第二次切展放量（设计量）。侧缝处由于其向内劈，如图5-138所示，也得进行二次切展加量。

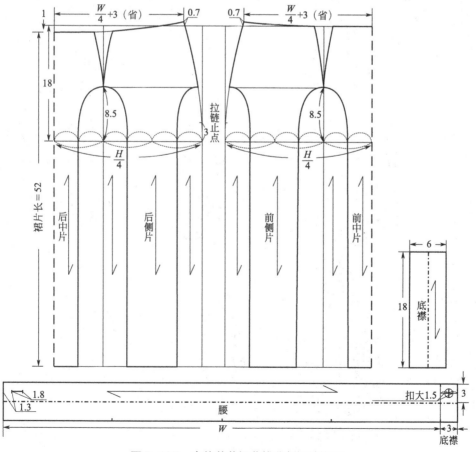

图5-137　立体花苞裙曲线分割褶结构图

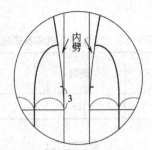

图5-138　立体花苞裙侧缝线内劈示意图

3.修正纸样

修正纸样，完成结构处理图。

基本造型纸样绘制完成之后，就要依据生产要求对纸样进行结构处理图的绘制，立体花苞裙的重点结构设计是立体褶的处理。

（1）绘制前、后立体分割片

通过裙片上确定出第一条曲线分割线分离出大立体分割片，由该片的下摆中点切展至8.5cm的省尖点，两侧切展放量为各10cm（设计量），总放量共20cm，完成大立体分割片外轮廓造型。

在完成的大立体分割片外轮廓造型中设计出小立体分割片外轮廓造型线，将下摆中点至8.5cm的省尖点的连线4等分，由靠近8.5cm的省尖点的1/4点与下摆线上由中心点向两侧各取5cm的点连线，绘制出小立体分割片外轮廓造型线，完成大立体分割片设计。

在小立体分割片外轮廓造线型中，由该片的下摆中点切展至外轮廓线顶点，下摆线两侧切展放量为各5cm（设计量），总放量共10cm，完成小立体分割片设计，如图5-139所示。

（2）绘制侧缝立体分割片

侧缝立体分割片的绘制方法同上，如图5-140所示。

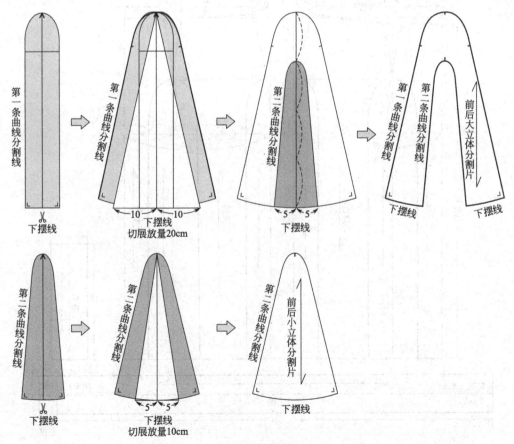

图5-139　立体花苞裙结构裙片处理图

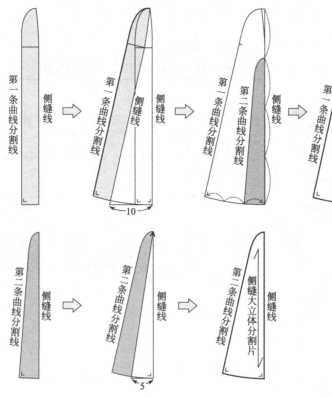

图5-140 立体花苞裙结构图

八、腰部多层装饰片紧身短裙

（一）腰部多层装饰片紧身短裙的款式说明

1.款式特征

本款裙子简洁大方，修身的板型设计能够凸显出女人的曲线美，腰部装饰边的叠加效果，又增加了一份可爱，如图5-141所示。

（1）裙身构成

裙子呈修身状态，腰部设有装饰边并呈现叠加的效果，如同花瓣一般。斜向分割的设计使前片更富有层次感。后片的竖向分割线能够修饰人体体型，在视觉上给人一种修长得感觉。

（2）腰

腰部为曲线合体装腰式，后中心线处缂隐形拉链。

（3）裙襻

前后腰各有2个裙襻。

（4）拉链

在臀围线向上3cm处的后中心线上装拉链。

2.腰部多层装饰片紧身短裙的原理分析

本款裙子是斜向分割和竖向分割组合的紧身裙，结构设计重点是按照款式需求考虑腰部装饰覆片的位置。腰部装饰覆片无侧缝线，由后片分割线过侧缝与前裙片相连，覆片的造型左右非对称，在制图时需要考虑款式造型的美观性，在绘制后片装饰覆片的位置及形状时，要参考其在前片中的位置及曲线状态，另外装饰覆片中省量的处理是关键。

图5-141 腰部多层装饰片
紧身短裙效果图

（二）面料、里料、辅料的准备

裙子面料、里料和辅料的选择、用量以及数量，见表5-60。

表5-60　腰部多层装饰片紧身短裙面料、里料、辅料的准备

常用面料		面料选择范围比较广泛。在选择颜色时，可以选择一些比较鲜艳的颜色，比如玫红色、橙色、橘黄色或者红色等，能够衬托出女性的青春魅力。 面料幅宽：144cm、150cm或165cm。 基本的估算方法：裙长+缝份5cm，如果需要对花、对格子时应当追加适当的量
常用里料		里料幅宽：144cm、150cm或165cm。 基本的估算方法：裙长+缝份5cm，如果需要对花、对格子时应当追加适当的量。 腰部为装腰式，根据款式的需求、裙面的厚薄及透明度，对裙里的要求也不相同，一般裙里的长度比裙面短，颜色最好与裙面相同或相近，并且要有一定的弹性，围度方向要满足人体基本的步距
常用辅料	衬	幅宽为90cm或112cm，用于裙腰里。 厚黏合衬。采用布衬，缓解裙腰在长期穿用过程中发生变形的作用
		幅宽为90cm或120cm（零部件），用于裙腰面、开衩处和前、后裙片下摆、底襟等部件。 薄黏合衬。采用纸衬，在缝制过程中起到加固，防止面料变形造成的不易缝制或出现拉长的现象
	挂钩	隐形拉链通腰设计的裙子需要在腰里内部拉链的封口处缝制挂钩一个（用于腰口处）
	拉链	缝合于后中心线隐形拉链，长度为19～21cm，颜色应与面料色彩相一致。
	线	可以选择结实的普通涤纶缝纫线

（三）腰部多层装饰片紧身短裙结构制图

1. 制定腰部多层装饰片紧身短裙成衣尺寸

按照所需要的人体尺寸，先制定出一个尺寸表，这里按照我国服装规格160/68A作为参考尺寸，举例说明，见表5-61。

表5-61　腰部多层装饰片紧身短裙成衣规格　　　　　　　　　　单位：cm

名称 规格	裙长	腰围	臀围	下摆大	腰长	腰宽
160/68A（M）	50	71	94	110	19	6

2. 腰部多层装饰片紧身短裙裁剪制图

本款裙子为腰部多层装饰片紧身短裙，按照款式设计最终完成款式图效果如图5-142所示。

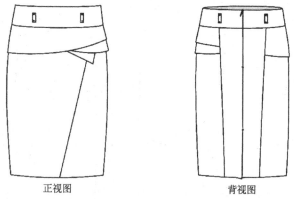

正视图　　　　　　　　　　背视图

图5-142　腰部多层装饰片紧身短裙款式图

本款裙型结构较为简单，首先将裙子前后片的基本结构图绘制好，在后裙片将臀围2等分，其等分点作垂线与腰线相连，作为后省大的中点，将设计省量2.5cm，分配至此等分点，垂直于腰线作省长11cm（设计量），将后腰线平行降低6cm，形成新的裙片后腰线。在前裙片在原型中把前臀围线平均分为3等分，做垂线与腰线相连，并将设计省量4cm，平均分配至两个省中。垂直于腰线作省长各9.5cm（设计量），将前腰线平行降低6cm，形成新的裙片前腰线，如图5-143所示。具体操作步骤予以省略，只将腰部分割线和覆片结构的制图说明。

（1）分割线的确定

① 确定前裙片分割线。由于本款属于非对称设计，首先以前中心线为对称轴，将前片对称形成一个整体的裙前片。前片分割线有一条，在前左裙片上，为斜向分割线。在新的左前腰线上由靠近左侧缝的省边点与在下摆线上由前中心线向左侧缝取4cm点连线，作出前裙片分割线。

② 确定后裙片分割线。后片分割线有两条，对称设计，为斜向分割线。由省尖点与下摆线上平分点向后中心线取1.5cm点连线，为后片分割线辅助线，由新的后腰线的两个省边分别与分割线辅助线连圆顺曲线，作出后裙片分割线。

（2）装饰片覆片的确定

① 裙装饰覆片A。裙装饰覆片A是本款裙子装饰覆片的最外面一层，裙装饰覆片A无侧缝，裁片非对称，将其分别缝合于后裙片分割线上，在裙后片上由右后分割线与臀围线交点向腰线方向取2.5cm点，为点一；在右后侧缝上由右后侧缝与裙片后腰线的交点向侧缝线直线量取12cm，为点二；在前裙片上由右前侧缝与裙片前腰线的交点向侧缝线直线量取12cm，为点三；在前裙片上由左前侧缝与裙片前腰线的交点向侧缝线直线量取7.5cm，为点四；在后裙片上由左后侧缝与裙片后腰线的交点向侧缝线直线量取7.5cm，为点五；在裙后片上由左后分割线与臀围线交点向腰线方向取5cm点，为点六。按照款式设计分别连接点一与点二，点三与点四，点五与点六，画圆顺曲线。

② 裙装饰覆片B。裙装饰覆片B是本款裙子装饰覆片的中间的一层，裙装饰覆片B无侧缝，裁片非对称，将其缝合于左后裙片分割线上。裙装饰覆片B的起点位于前右裙片靠近侧缝的省边上，为点七；在前裙片上由左前侧缝与裙片前腰线的交点向侧缝线直线量取12cm，为点八；在后裙片上由左后侧缝与裙片后腰线的交点向侧缝线直线量取12cm，为点九；在裙后片上由左后分割线与臀围线交点向腰线方向取3cm点，为点十；按照款式设计分别连接点七与点八，点九与点十，画圆顺曲线。

③ 裙装饰覆片C。裙装饰覆片C是本款裙子装饰覆片的最里面一层，裙装饰覆片C仅在前裙片上，裙装饰覆片C的起点位于前右裙片靠前中心线的省边上，为点十一；在前裙片的左新的裙片前臀围线上由侧缝与臀围线交点向前中心线方向取7cm点，向下摆方向作垂线1cm，确定为点十二；在前裙片的左新的裙片前腰线上由左前侧缝向前中心线方向取2cm点，为点十三。按照款式设计分别连接点十一与点十二，画圆顺曲线；点十二与点十三，画直线。

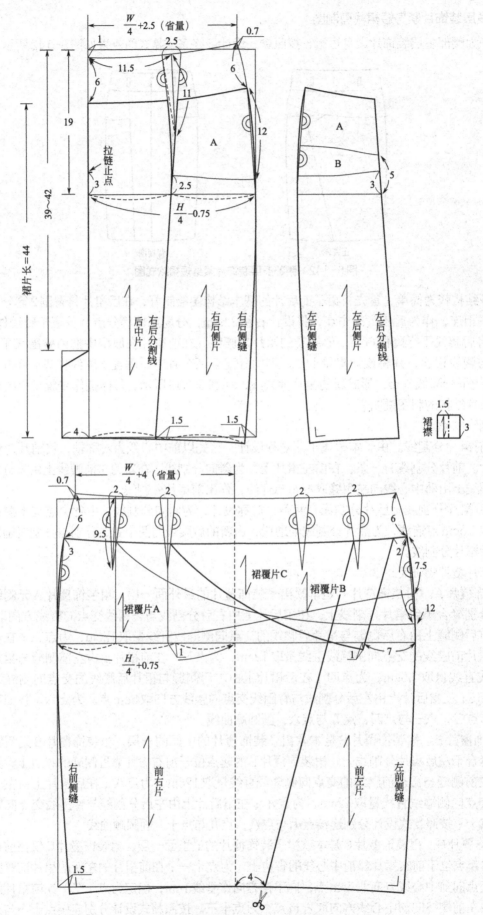

图5-143　腰部多层装饰片紧身短裙结构图

3. 修正纸样

基本造型纸样绘制完成之后，就要依据生产要求对纸样进行结构处理图的绘制，修正纸样，完成结构处理图。

（1）曲线腰的结构处理

对前、后片裙腰进行结构处理，将前后腰口处的省合并，最后将各轮廓线画圆顺，完成前、后片裙腰结构处理图，并标注上裙襻，腰襻位后片在后省道位靠近侧缝省边上，前片腰襻位在前腰线的1/2位置上，如图5-144所示。

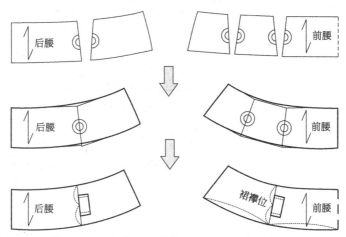

图5-144　腰部多层装饰片紧身短裙结构处理图

（2）前片结构处理图

前片的斜向分割线。在新的裙片左前腰线上将靠近左侧缝的省量移至分割线当中，在前片中形成一个斜形省，作出前裙片分割线，如图5-145所示。

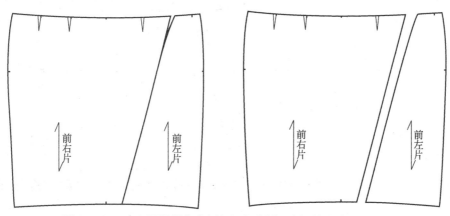

图5-145　多层覆片斜向分割和竖向分割组合裙前片结构处理图

（3）裙装饰覆片A的结构处理

分别在前、后裙片上分离出裙装饰覆片A，先将前、后侧缝线复核，再将前省相应地延长至外轮廓线上，再将前中心线固定，从左至右依次合并各个省，最后将其外轮廓画圆顺，如图5-146所示。

（4）裙装饰覆片B的结构处理

分别在前、后裙片上分离出裙装饰覆片B，先将前后左侧缝线复核，再将前省相应的延长至外轮廓线上，再将前中心线固定，从左至右依次合并各个省，最后将其外轮廓画圆顺，如图5-146所示。

（5）裙装饰覆片C的结构处理

在前裙片上分离出裙装饰覆片C，将前省相应的延长至外轮廓线上，再将前中心线固定，依次合并各个省，裙装饰覆片C是本款裙子装饰覆片的最里面一层，为防止裙装饰覆片C下摆量过大，会造成裙子不平服现象，要适当修掉部分下摆量，最后将其外轮廓画圆顺，如图5-146所示。

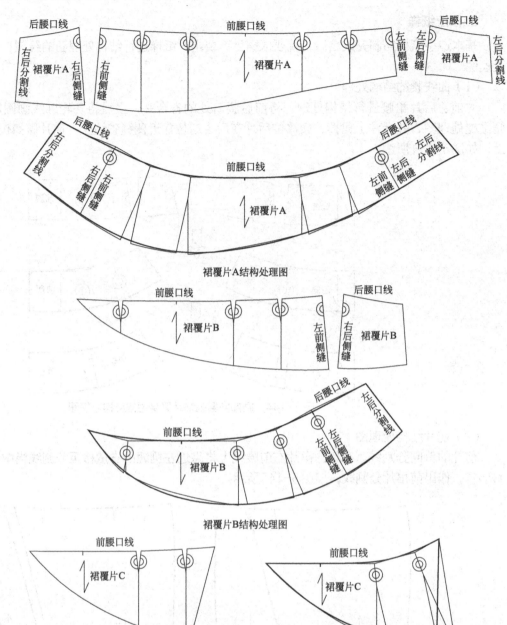

图5-146 多层覆片斜向分割和竖向分割组合裙覆片结构处理图

九、非对称覆片紧身裙

（一）非对称覆片紧身短裙的款式说明

1.款式特征

本款裙子是在紧身裙的基础上进行的结构变化，前片中外搭装饰片的设计使裙子整体新颖别致。裙子上动感的结构线呈现出大气简约的结构感，表达了知性轻松、愉快、自信、自在的生活主张，其精湛的工艺，良好的板型，可获得很多都市女性的广泛认同和青睐，如图5-147所示。

（1）裙身构成

裙子呈修身状态，前片为不对称的曲线结构设计，并且设有竖向分割线。后

图5-147 非对称覆
片紧身短裙效果图

片有两个省道且后片破中缝。

（2）腰

腰部为装腰式，后中心线处绱隐形拉链。

（3）拉链

在臀围线向上3cm处的后中心线上装拉链。

2. 非对称覆片紧身短裙的原理分析

低腰非对称式紧身裙的结构，设计重点是前裙片的非对称设计，要按照款式需求考虑分割线的位置，分割线位置的确定需要考虑款式造型的美观性。同时前片分割片中省量的解决是结构处理中的重点。其前片的分割线都是具有结构作用的功能性分割线，通过分割线解决臀腰差省量，为消减臀腰差，本款采用的是低腰设计，本款后片只设有一个腰省。前片无省，将省分配在分割线中。

（二）面料、里料、辅料的准备

裙子面料、里料和辅料的选择以及用量见表5-62。

表5-62　非对称覆片紧身短裙面料、里料、辅料的准备

常用面料		面料可选择鹿皮绒、绵羊皮、太空棉、潜水服面料、牛仔布、棉质提花面料等，不同的面料可呈现出不同的风格特征。 面料幅宽：144cm、150cm或165cm。 基本的估算方法：裙长＋缝份5cm，如果需要对花、对格子时应当追加适当的量
常用里料		里料幅宽：144cm、150cm或165cm。 基本的估算方法：裙长＋缝份5cm，如果需要对花、对格子时应当追加适当的量
常用辅料 衬		幅宽为90cm或112cm，用于裙腰里。 厚黏合衬。采用布衬，缓解裙腰在长期穿用过程中发生变形的作用
		幅宽为90cm或120cm（零部件），用于裙腰面、开衩处和前、后裙片下摆、底襟等部件。 薄黏合衬。采用纸衬，在缝制过程中起到加固，防止面料变形造成的不易缝制或出现拉长的现象
挂钩		隐形拉链通腰设计的裙子需要在腰里内部拉链的封口处缝制挂钩一个（用于腰口处）
拉链		缝合于后中心线隐形拉链，长度为18～20cm，颜色应与面料色彩相一致
线		可以选择结实的普通涤纶缝纫线

（三）非对称覆片紧身短裙结构制图

1. 制定非对称覆片紧身短裙成衣尺寸

按照所需要的人体尺寸，先制定出一个尺寸表，这里按照我国服装规格160/68A作为参考尺寸，举例说明，见表5-63。

表5-63　非对称覆片紧身短裙成衣规格

单位：cm

规格　＼　名称	裙长	腰围	臀围	下摆大	腰长	腰宽
160/68A（M）	55	71	94	110	19	5

2. 非对称覆片紧身短裙裁剪制图

非对称覆片紧身短裙按照款式设计最终完成款式图的效果如图5-148所示。

3. 设计前裙片分割线

由于本款属于非对称设计，首先以前中心线为对称轴，将前片对称形成一个整体的裙前片。前片分割线有两条，第一条为由左侧缝至右侧缝的曲线分割线；第二条为右侧由腰线至第一条曲线分割线的竖向分割线。

正视图　　　　背视图

图5-148　非对称覆片紧身短裙款式图

（1）曲线分割线的确定

将新的前左腰线两个腰省的省量合并为一个腰省量，按照款式设计将靠近侧缝的省量转移至靠近前中心的省；由右侧缝与下摆的交点处在右侧缝上向上量取10cm以确定分割线与右侧缝的交点，省尖与交点连成圆顺的曲线，将省的省边进行修正与曲线保持圆顺，如图5-149所示。

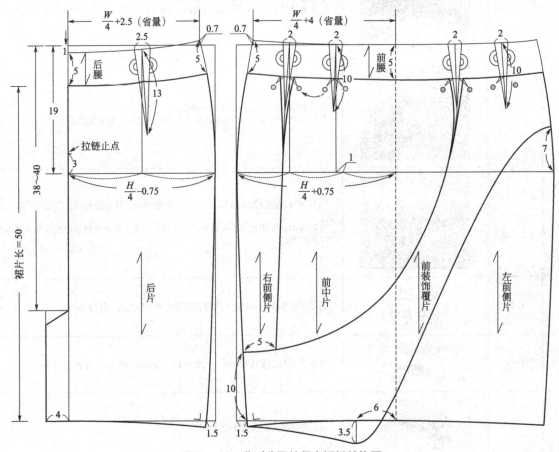

图5-149　非对称覆片紧身短裙结构图

（2）竖向分割线的确定

将新的前右腰线两个腰省的省量合并为一个腰省量，按照款式设计将靠近前中心的省量转移至靠近侧缝的省；由右侧缝线与曲线分割线的交点处向前中心线方向量取5cm以确定竖向分割线与曲线分割线的交点，然后连接省尖与交点形成线段，最后将省的省边修成略向外凸的圆顺分割线，如图5-149所示。

4. 设计前裙片装饰覆片

本款裙子的另一个设计重点是外搭在前片的覆片，前裙片的装饰覆片是缝合在曲线分割线当中，前裙片装饰覆片的外轮廓结构设计的方法为：在右下摆线上由前中心线向右侧缝方法取6cm点作垂线下落3cm，确定出装饰覆片的撇角辅助点，并与右侧缝下摆底点连线；在左侧缝线上由臀围线与左侧缝线的交点向腰线方向取7cm点，由左侧缝线7cm点与右侧下摆装饰覆片的撇角3cm辅助点连线，根据款式特征依次画圆顺并保证曲线造型的美观性，撇角为圆角的弧度，如图5-149所示。

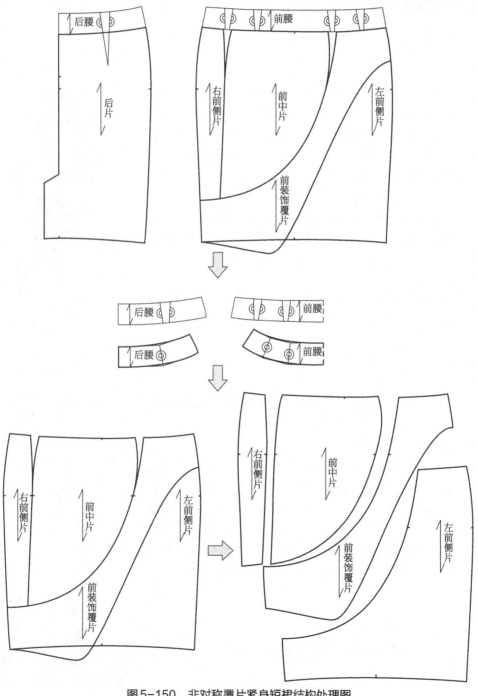

图5-150　非对称覆片紧身短裙结构处理图

5. 修正纸样

基本造型纸样绘制完成之后，就要依据生产要求对纸样进行结构处理图的绘制，修正纸样，完成结构处理图。

（1）曲线腰的结构处理图

对前、后片腰进行结构处理，将前后腰口处的省合并，最后将各轮廓线画圆顺，完成结构处理图，如图5-150所示。

（2）前裙片装饰覆片结构处理图

将前裙片装饰覆片由结构图中分离出来，前裙片装饰覆片为双层结构设计，覆片里可以选用本料或里料，完成结构处理图，如图5-150所示。

十、立体顺褶蓬蓬裙

（一）立体顺褶蓬蓬裙款式说明

1. 款式特征

无腰头立体顺褶是一款组合裙型设计，主要体现在其结构的综合运用上，如分割线与自然褶、分割线与规律褶、自然褶与规律褶等，一系列交叉的综合运用，而本款是组合裙型当中具有特殊形式的一款，从外观来看，其侧缝含有大量褶裥量，臀围线上部侧缝处都含有功能性裁片分割，拉链安装于后中心线上，整理造型完美、线条圆顺、设计感较强，富有很强的时尚元素，本款裙子在侧缝部进行了巧妙的设计，富于童趣又能够演绎成熟优雅，有着高贵气质与强大气场，立体裙褶设计使穿着的女性在娇俏可人，青春靓丽，如图5-151所示。

（1）裙身构成

在三片裙身结构的基础上，通过臀部进行裁片分割，左右侧缝含有展开裁片，作两个立体顺褶，其外观呈小喇叭状。

（2）腰

腰部为无腰式。

（3）拉链

根据款式图所示，其设计为隐形拉链，在后中心线与臀围线的交点向上3cm。

2. 立体顺褶蓬蓬裙的原理分析

本款裙子为无腰头立体蓬蓬裙，裙型设计的重点要按照款式需求考虑裁片分割的位置以及侧缝裁片褶量的加放方法。重点一为侧缝裁片的分割，通过将原型中的一个半省量转移到设计的省中，另半个省转移至侧缝，此省道省尖指向侧缝，形成此功能性裁片分割设计。重点二为左右侧缝部分采用新的分割裁片将其剪切加量设计使其下摆外放，与裙身拼合时，能够展示出如款式图所示的立体蓬蓬造型。

（二）面料、里料、辅料的准备

裙子面料、里料和辅料的选择以及用量见表5-64。

图5-151　立体顺褶蓬蓬裙效果图

表5-64　无腰头立体蓬蓬裙面料、里料、辅料的准备

常用面料		为了满足款式的立体造型需求，达到更好的设计效果，应该选择较为硬挺一些的面料，例如各种中厚毛料、空气层面料等，材质要质地细密、坚牢耐用，有良好穿着性能和服装保形性能。 面料幅宽：144cm、150cm或165cm。 基本的估算方法：裙长＋缝份5cm，如果需要对花、对格子时应当追加适当的量
常用里料		里料幅宽：144cm、150cm或165cm。 基本的估算方法：裙长＋缝份5cm，如果需要对花、对格子时应当追加适当的量
常用辅料	衬	幅宽为90cm或112cm，用于裙腰里。 厚黏合衬。采用布衬，缓解裙腰在长期穿用过程中发生变形的作用
		幅宽为90cm或120cm（零部件），用于裙腰面、开衩处和前、后裙片下摆、底襟等部件。 薄黏合衬。采用纸衬，在缝制过程中起到加固，防止面料变形造成的不易缝制或出现拉长的现象
	挂钩	隐形拉链通腰设计的裙子需要在腰里内部拉链的封口处缝制挂钩一个（用于腰口处）
	拉链	缝合于后中心线隐形拉链，长度为18～20cm，颜色应与面料色彩相一致
	线	可以选择结实的普通涤纶缝纫线

（三）立体顺褶蓬蓬裙结构制图

1. 制定立体顺褶蓬蓬裙成衣尺寸

按照所需要的人体尺寸，先制定出一个尺寸表，这里按照我国服装规格160/68A作为参考尺寸，举例说明，见表5-65。

表5-65　无腰头立体蓬蓬裙成衣规格　　　　　　单位：cm

名称 规格	裙长	腰长	腰围	臀围	下摆大
160/68A（M）	52	19	70	143	200

2. 立体顺褶蓬蓬裙裁剪制图

无腰头立体蓬蓬裙按照款式设计最终完成款式图的效果如图5-152所示。

首先将臀腰差所产生的省量通过前后裙腰的竖线分割和侧缝消化掉，如图5-153所示。裙型的设计重点要按照款式需求设计裙身两侧的立体造型，通过在基本裙型的基础上进行裙身两侧的立体设计。其结构的设计方法如下。

正视图　　　背视图

图5-152　立体顺褶蓬蓬裙款式图

（1）确定侧缝曲线分割线的位置

将前、后侧缝至臀围线的距离平分，由等分点和前后中心线与臀围线的交点向腰线方向取1cm点连线，按款式设计为圆顺的曲线，曲线分割线与前后裙腰的竖线分割相交，完成侧缝曲线分割线设计。

（2）第一个褶位的确定

由前、后侧缝至臀围线距离的等分点向下摆线作垂线，为第一个褶位的内侧缝辅助线，再向外做水平线，取设计量13cm，垂直向下交与下摆线，为第一个褶位的外侧缝辅助线，将其平分，平分中点即为第一个褶的位置。

（3）第二个褶位的确定

为防止褶在制作是时候在侧缝的缝合过厚，第二个褶的设计是要降低褶的位置，由第一个褶位的褶宽点的起点向下取1.5cm，向侧缝方向第一个褶位的内侧缝垂线做水平线，为第二个褶位的内侧缝辅助线，由交点再向外作水平线，取设计量18cm，垂直向下交与下摆线，为第二个褶位的外侧缝辅助线，即侧缝线，将第二个褶平分，平分中点即为第二个褶位的辅助线。

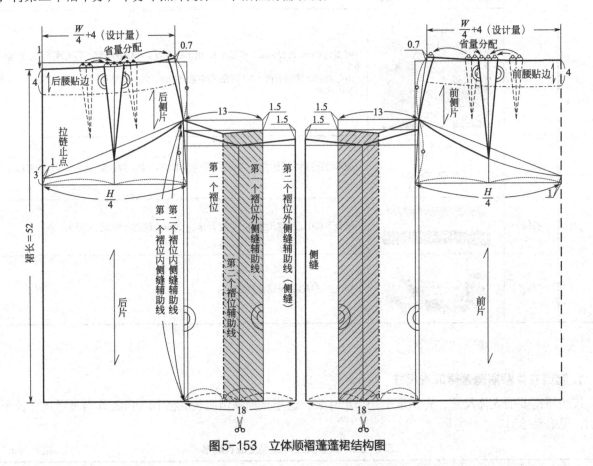

图5-153　立体顺褶蓬蓬裙结构图

3. 修正纸样

基本造型纸样绘制之后，就要依据生产要求对纸样进行结构处理图的绘制，修正前后腰里贴边、前裙片、后裙片。

（1）腰里贴边的结构处理图

对前、后腰里贴边进行结构处理，将前后腰里贴处的省合并，最后将各轮廓线画圆顺，完成结构处理图，如图5-154所示。

（2）前、后裙侧缝立体顺褶结构处理图

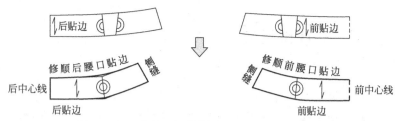

图5-154　立体顺褶蓬蓬裙裙腰贴边结构处理图

将前、后裙片的顺褶复核成一个整片，即将第一个褶位的外侧缝辅助线与第二个褶位的内侧缝辅助线复核成一个整片，使前、后裙片分别成一个完整的前、后裙片。将第二个褶位的辅助线下摆进行切展放量，设计放量为10cm（设计量），这里展开量的大小并不是固定尺寸，可以根据款式造型的需要进行自由设计，最终裙片下摆部位形成外展的效果，修顺下摆，完成结构处理图，如图5-155所示。

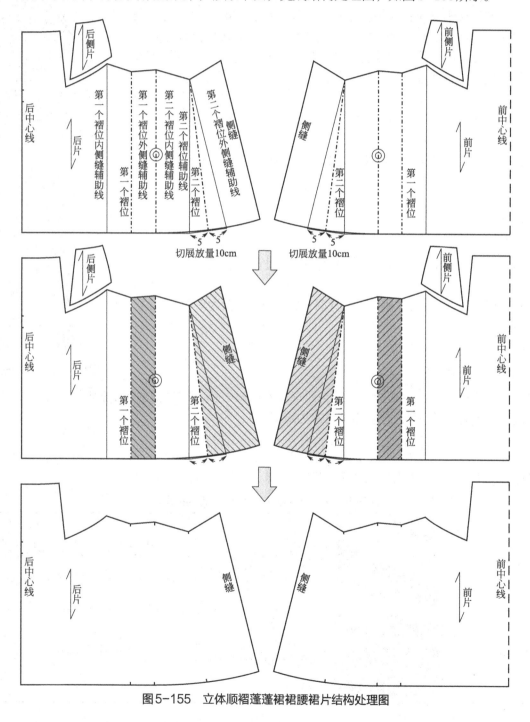

图5-155　立体顺褶蓬蓬裙裙腰裙片结构处理图

十一、花苞长裙

（一）花苞长裙款式说明

1. 款式特征

本款裙子属于宽松的半身长裙，长度及至脚踝。整体呈椭圆形，先由腰部向外凸慢慢展开，大概在膝盖的部位凸起最高，然后再慢慢往回收紧。其设计灵感来源于花苞的形状，因此裙子的外轮廓犹如花苞的形状，再根据花苞中茎的走向和形状，将其巧妙地运用到裙子中以分割线的形式呈现出来，如图5-156所示。

（1）裙身构成

本款裙子前片属于非对称结构，分左右前片，在左右前片中各有一个褶裥，分别倒向前中心；有一个斜插袋；左前片有两条曲线分割线，并且在裙片中间左右位置的曲线分割线及侧缝外侧各有一个前插片；右前片有一条曲线分割线，并且在分割线及侧缝外侧也各有一个前插片，前片腰部左右各一个褶裥。后片属于对称结构，六条曲线分割线，在后片大概中间位置的分割线及侧缝处各有一个后插片，共四个插片。

（2）腰

绱腰头，腰宽度为5.5cm，搭门量为4cm，右搭左，在腰头处锁扣眼，装纽扣。

（3）拉链

缝合于前中心线。

（4）门襟

门襟宽度为4cm，长度为13cm，位置为前中心处。

（5）腰襻

前片有2个腰襻，位置为褶裥处。后片有1个腰襻。位置为后中心。

（6）纽扣

用于腰口处。

2. 花苞长裙的原理分析

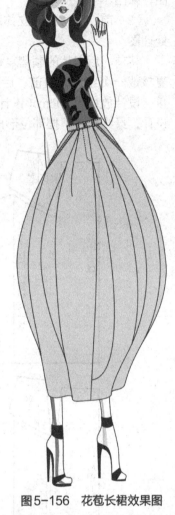

图5-156　花苞长裙效果图

对褶裙前片中心处设有对褶裥，其结构原理和A字裙一样，加对褶的目的就是为了在裙摆上不加开衩，增加裙摆的尺度，以满足人体步距最基本的阔度。

（二）面料、里料、辅料的准备

裙子面料、里料和辅料的选择以及用量见表5-66。

表5-66　花苞长裙面料、里料、辅料的准备

常用面料		面料可以选用不同档次的具有不同风格的面料，比如冬季适合选用毛呢类的面料，裙子显得立体有质感；夏季适合选用棉、麻类的面料，裙子显得飘逸有垂感。 面料幅宽：144cm、150cm或165cm。 基本的估算方法：裙长+缝份5cm，如果需要对花、对格子时应当追加适当的量
常用里料		里料幅宽：144cm、150cm或165cm。 基本的估算方法：裙长+缝份5cm，如果需要对花、对格子时应当追加适当的量

续表

常用辅料	衬	幅宽为90cm或112cm，用于裙腰里。 厚黏合衬。采用布衬，缓解裙腰在长期穿用过程中发生变形的作用
		幅宽为90cm或120cm，用于裙腰面、和前、后裙片下摆、底襟等部件。 薄黏合衬。采用纸衬，在缝制过程中起到加固，防止面料变形造成的不易缝制或出现拉长的现象
	纽扣或裤钩	直径为1 ~ 1.5cm的纽扣两个（用于腰口处）
	拉链	缝合于前中的拉链，可选择普通的金属拉链或树脂拉链，长度为15 ~ 18cm，颜色应与面料色彩一致
	线	可以选择结实的普通涤纶缝纫线

（三）花苞长裙制图

1. 制定花苞长裙成衣尺寸

按照所需要的人体尺寸，先制定出一个尺寸表，这里按照我国服装规格160/68A作为参考尺寸，举例说明，见表5-67。

表5-67　花苞长裙成衣规格　　　　　　　　　　　　　　　　　　单位：cm

名称 规格	裙长	腰围	下摆大	腰头宽
160/68A（M）	90	70	158	5.5

2. 花苞长裙裁剪制图

花苞长裙款式设计最终完成款式图的效果如图5-157所示。

本款裙子在制图的过程中，由于裙子属于宽松型的半身长裙，因此臀围的尺寸无需考虑，可以根据裙子的造型进行整体设计。曲线分割线的位置及形状的确定是其结构设计的重点，要考虑裙子整体的美观性与局部的合理性，同时还要考虑工艺上的可行性，主要制图步骤如图5-158、图5-159所示，其斜插袋的制作方法如图5-160所示。

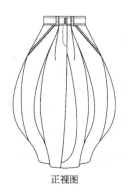

正视图　　　　　　　　背视图

图5-157　花苞长裙款式图

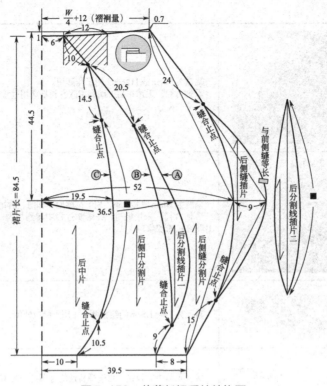

图5-158 花苞长裙后片结构图

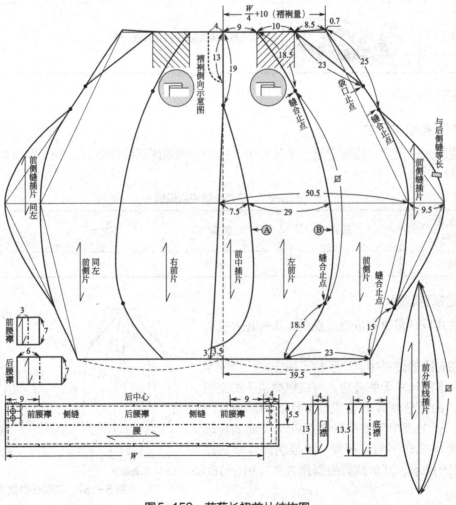

图5-159 花苞长裙前片结构图

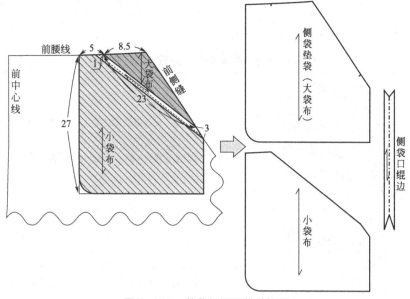

图5-160　花苞长裙口袋结构图

十二、小太阳短裙

（一）小太阳短裙款式说明

1. 款式特征

本款式为无腰头对称式分割结构，整体造型呈现包臀的A字型且下摆有加大的放量，下摆造型独特是采用近两年流行的面料直接裁剪成毛边的设计，而且在前片分割线下摆处设计成较短的长度，两侧呈现漂亮的波浪褶造型，拉链安装于侧缝，裙身上有折线分割，既起到了装饰性作用，也起到了解决臀腰差的功能性作用，裙子的长度以及款式可根据流行趋势进行相应的更改，创意的几何线条、强调低调精致质感短裙设计，在不同场合上展示一个个具有玲珑"S"曲线的女孩子，如图5-161所示。

（1）裙身构成

在基本筒型裙的结构基础上，通过省道进行相应的裁片分割，所产生的分割线裙身结构，整个裙子的亮点在于省与分割线之间微妙的转换与款式设计巧妙的结合。

（2）腰

腰部无腰头，侧缝装隐形拉链。

（3）拉链

采用隐性拉链，拉链装于左侧缝。

2. 款式重点

（1）腰口的结构设计

无腰头竖线分割裙的设计重点是考虑分割线的位置。重点是通过前身折线分割在前、后片分割裁片将腰省处理掉，解决了臀腰差。

（2）下摆的原理分析

本款的裙型为A字型，重点是其长度较短，足距对裙摆的尺度限制越来越小。

图5-161　小太阳短裙效果图

（二）面料、里料、辅料的准备

面料、里料和辅料的选择以及用量见表5-68。

表5-68　小太阳短裙面料、里料、辅料的准备

常用面料		在面料的选择上，可选择微弹的面料，由于本款裙子下摆为直接裁剪设计。因此面料要选择鹿皮绒、绵羊皮、太空棉、潜水服面料等不易脱散面料。 面料幅宽：144cm、150cm或165cm。 基本的估算方法：裙长＋缝份5cm，如果需要对花、对格子时应当追加适当的量
常用里料		里料幅宽：144cm、150cm或165cm。 基本的估算方法：裙长＋缝份5cm，如果需要对花、对格子时应当追加适当的量
常用辅料	衬	幅宽为90cm或112cm，用于裙腰里。 厚黏合衬。采用布衬，缓解裙腰在长期穿用过程中发生变形的作用
		幅宽为90cm或120cm（零部件），用于裙前、后裙片下摆、底襟等部件。 薄黏合衬。采用纸衬，在缝制过程中起到加固，防止面料变形造成的不易缝制或出现拉长的现象
	挂钩	无腰头设计的裙子需要在腰里内部拉链的封口处缝制挂钩一个（用于腰口处）
	拉链	缝合于右侧缝的拉链，可选择隐形拉链，长度为15～18cm，颜色应与面料色彩相一致
	线	可以选择结实的普通涤纶缝纫线

（三）小太阳短裙结构制图

1. 制定无小太阳短裙成衣尺寸

按照所需要的人体尺寸，先制定出一个尺寸表，这里按照我国服装规格160/68A作为参考尺寸，举例说明，见表5-69。

表5-69 小太阳短裙成衣规格 单位：cm

名称 规格	裙长	腰围	臀围	下摆大	腰长
160/68A（M）	40	70	92	147	18～20

2. 小太阳短裙裁剪制图

本款裙子结构设计的重点是分割线解决省道结构设计，裙子的分割线位置根据款式需要设计，解决臀腰差的同时形成分割线造型，又起到了装饰性作用，最终完成款式图设计所需达到的效果，如图5-162所示。

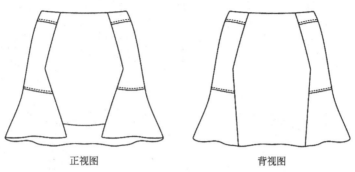

正视图　　　　　　　背视图

图5-162 小太阳短裙款式图

本款裙子的设计重点之一为竖向折线分割线设计，将前、后裙片按照款式分别绘制出前、后片分割线；另一个设计点是裙子侧缝处展摆设计，如图5-163所示。

基本造型纸样绘制完成之后，就要依据生产要求对纸样进行结构处理图的绘制，最后修正纸样完成制图，其基本省道的操作方法可参照结构处理图，如图5-164所示。

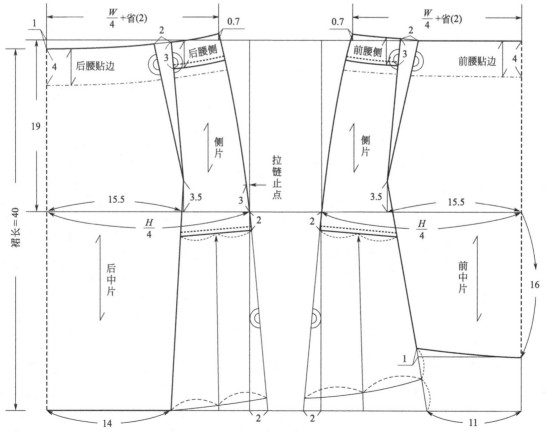

图5-163 小太阳短裙结构图

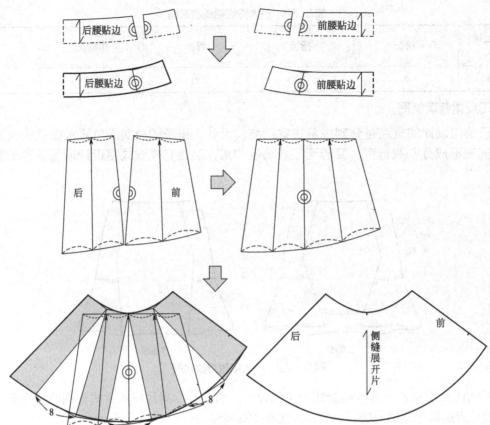

图5-164　小太阳短裙腰里贴边、前后拼接片结构处理

裙子的缝制

一件衣服制作工艺的好坏直接影响着该款式的成衣效果，想要亲手缝制一件完美的服装
并不是一件容易的事，
对于每一位想要制作新裙子的新手来说，
从缝纫一件基本裙型开始，是必不可少的缝制工艺的训练。

第一节　缝制的基础知识

一、缝纫机使用简介

最为常见的缝纫机是电动平缝机，这种机器的运作原理是靠手脚控制并带动离合器电动机传动，这种机器的离合器传动性能很灵敏，脚踏的力量越大，缝纫的速度也就会越快，反之缝纫速度则会很慢。通过脚踏用力的大小便可随意调整控制缝纫机的转数（缝纫速度），因此，为了能够很好地来控制这个机器，平日里要加强大量的训练，最终寻找到手脚与机器的默契感才能操作的随心所欲。

平缝机按照其具体用途可分为工业生产平缝机、家庭单件制作平缝机两大类，如图6-1、图6-2所示。本书主要讲述家用平缝机制作单件服装的工艺流程。

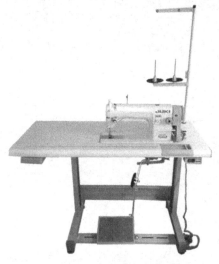
图6-1　工业生产平缝机

图6-2　家用平缝机

（一）家用平缝机

家用平缝机的机身部位及操作如图6-3所示。

① 线轮珠柱：把缝纫时候所需要的小线轴直接放到上面即可。

② 自动绕线器：按照图解步骤穿好线将梭芯卡绕线器上，然后顺时针缠上几圈线，这样可以起到固定的作用，踩住脚踏板即可自动绕线。

③ 手轮：使用手轮可方便抬针或落针。

④ 挑线杆：缝纫穿面线时按照图解数字提示的操作顺序，直接挂到挑线杆的钩子上，否则会严重影响缝纫工作。

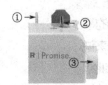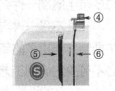
图6-3　家用缝纫机部位分析

⑤ 夹线器：在穿面线的时候，夹线器是必须经过的，并且在图6-3进行到这一步的时候，缝纫机的压脚必须抬起，否则会影响缝纫。

⑥ 绕线夹线器：绕梭芯线（底线）的时候必须经过此处，否则会影响缝纫。

⑦ 画线调节按钮：根据缝纫面料的薄厚等因素，可将此按钮左右微调以得到最佳缝纫效果为准。

⑧ 花样调节转盘：旋转调节此按钮可自由选择喜欢的线迹。

⑨ 倒缝按钮：在缝合面料的开头或结尾需要用到此按钮，按住此按钮不松手可实现倒回针缝纫加固。

⑩ 压脚：只需要轻轻一按压脚便可实现快装快卸。

⑪ 金属针板：金属针板必需皮实耐磨。

（二）平缝机操作练习步骤

① 挺胸坐直，坐凳不宜太高或太低。

② 用右脚放在脚踏板上，右膝靠在膝控压脚（抬缝纫机压脚用）的碰块上，练习抬、放压脚，以熟练掌握为准。

③ 稳机练习（不安装机针、不穿引缝线）做起步、慢速、中速、停机的重复练习，起步时要缓慢用力（切勿用力过大），停机时应当迅速准确，以练习慢、中速为主，反复进行练习，以熟练掌握为准。

④ 缝制机倒顺送料练习，用二层纸或一层厚纸，作起缝、打倒顺针练习，以熟练掌握为准。

（三）服装缝制时的操作要点

① 在缝合衣片无特殊要求的情况下，机缝压脚一般都要保持上下松紧一致，原因是下层面料受到送布的直接推送作用走得较快（受到外界阻力较小），而上层面料受到压脚的阻力和送布间接推送等因素而走得较慢，这就会导致衣片在缝合完成之后，上层面料余留缝份缝料较长，而下层面料余留缝料较短或上下衣片缝合之后缝份部位产生松紧邹缩这一现象。因此，应当针对这一机缝特点，采取相应必要且可行的解决办法。在进行衣片缝合的时候要注意正确的手势，左手向前稍推送衣片面料，右手将下层面料稍稍拉紧。有的缝位过小不宜用手拉紧，可借助钻车或钳工来控制松紧。这样才能使上下衣片始终保持着松紧一致，缝制完毕后不起涟形、不起松紧邹缩现象。

② 缝夏季薄面料的时，起落针根据需要可缉倒顺针机缝断线一般可以重叠接线，但倒针交接不能出现双轨。

③ 在准备各种机缝的裁片时候，裁片缝份要留足，不宜有虚缝。

④ 在进行卷边缝的时候，压止口及各种包缝的缉线也应当注意上下层松紧一致，倘若裁片缝合时上下层错位，就会形成斜纹涟形，从而影响美观。

平缝机使用时的注意事项如下。

① 上机前进行安全操作和用电安全常识学习。

② 工作中机器出现异常声音时，要立即停止工作，及时进行处理。

③ 面线穿入机针孔后机器不空转，以免轧线。

④ 电动缝纫机要做到用时开，工作结束或离开机器要关。

⑤ 工作中手和机针要保持一定距离，以免造成机针扎伤手指和意外事故。

（四）服装基础缝制的提前准备

1. 缝纫针、线的选用

机针的常用型号规格是9号、11号、14号、16号、18号。机针规格越小代表这个机针的针头就越细；规格越大就代表这个机针的针头就越细粗。缝料越厚越硬挺的面料，机针的选择也就越粗；缝料越薄越软的面料，针的选择也就细。缝纫线的选择应当与缝纫针的选择一致。

2. 针迹、针距的调节

面料针迹的清晰、整齐情况以及针距的密度等，都是衡量缝纫质量的重要标准。针迹的调节由缝纫机机身上的调节装置控制。将改调节器向左旋转针迹变长，往右旋转针迹变短（密），针迹的合理调节也必须是按衣料的厚薄、松紧、软硬合理控制。

在进行机缝前应当先将针距调节好。缝纫针距要适当，针距过大（稀）影响美观性，还影响缝纫牢度。针距过小（密）同样也影响美观，而且易损伤衣料从而影响缝纫牢度。一般情况下：薄料、精纺料3cm长度控制在14～18针；厚料、粗纺料3cm长度控制在8～12针。

二、手缝简介

手缝即手工缝制。手工缝制服装的历史较为悠久，在工业革命以前，服装的制作基本上都是采取手工缝制完成。随着工业革命的完成，大机器工业生产的服装由于成本底、款式丰富、单件服装生产周期短等优势因素，促使在很短的时间里，这类大机械生产的服装纷纷涌入平常百姓家中，这极大地冲击了我国的手工纺织业。

由于手工缝制服装成本较高的内在特点，因此只适用于较高端的服装中，或者在缝制服装的过程中，出现很多机械完成不了的特殊部位，因此这些部位仍然采取手缝的办法完成。

如今手缝主要是解决特殊部位的固定、控制、定型等问题而采取的手工缝制办法。

手缝针法种类众多，但是在生活中常用的针法较少，因此，只简要介绍日常生活中常用的一些针法。

1.绗针

特指将针由右向左进行缝制，间隔一定的距离所构成的线迹，依次向前运针。此种针法多用于手工缝纫或装饰点缀，如图6-4所示。

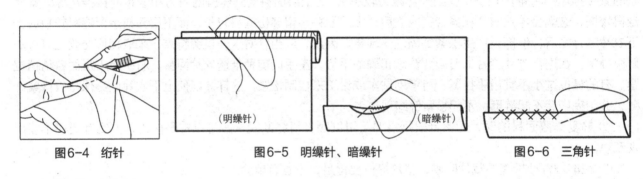

图6-4　绗针　　　　　　图6-5　明缲针、暗缲针　　　　　图6-6　三角针

2.缲（qiao）针

缲针可分为明缲针和暗缲针两种针法，如图6-5所示。

① 明缲针：明缲针的缝合线迹略露在外面，主要用于中西式服装的地步、袖口、袖窿、库迪、膝盖等部位。缝线松紧适中，针距控制在0.3cm左右。

② 暗缲针：暗缲针的针线在底边缝口内，多用于西服夹里的底边、袖口绲条贴边等。衣片正面只能缲牢1根或两根纱线，且不可有明显针迹。此种针法缝线可略松，针距控制在0.5cm左右。

3.三角针

顾名思义，其针法路径呈三角状，内外交叉、自左向右倒退，将面料依次用平针绷牢。此种针法的具体要求是正面不露出针迹，线迹不可过紧。三角针法多用于拷边后的贴边、裙子的下摆等部位，如图6-6所示。

4.拉线襻

用于衣领下角、裙子下摆等部位。其主要作用是为了限制面料与里料的活动范围，如图6-7所示。

5.钉扣

钉扣可分为钉实用扣和钉装饰扣两种。

① 钉实用扣：可先将纽扣用线缝住，然后从面料的正面起针，也可以直接从面料的正面起针，穿过扣眼，注意缝线底脚要小，面料与纽扣间要保持适当距离，线要放松不可紧绷。具体操作步骤可参考图6-8。

② 钉装饰扣：装饰纽扣一般只需要平服地将纽扣钉在衣服上即可。

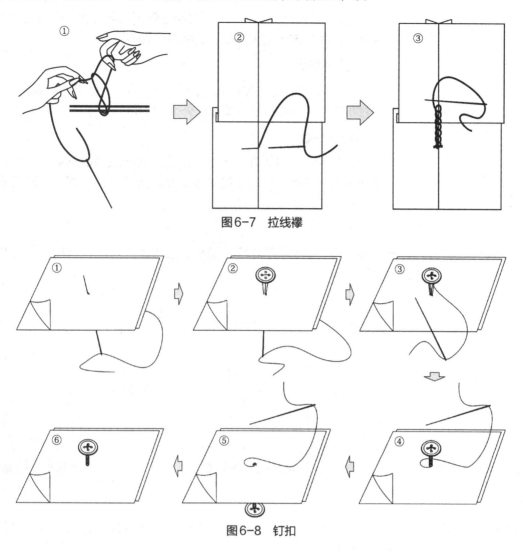

图6-7　拉线襻

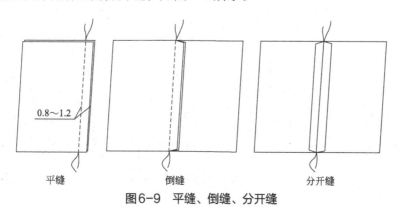

图6-8　钉扣

三、服装基本缝型介绍

常用的服装缝型有以下8种。

1. 平缝

把两层衣片正面相叠，沿着所留缝头进行缝合，一般缝头宽0.8～1.2cm。若将缝份导向一边则称之为倒缝；若将缝份劈开烫平则称之为分开缝，如图6-9所示。

0.8～1.2

平缝　　　　　　　倒缝　　　　　　　分开缝

图6-9　平缝、倒缝、分开缝

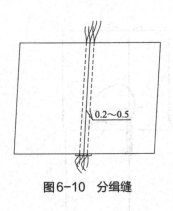

图6-10 分缉缝

2. 分缉缝

两层衣片平缝后分缝，在衣片正面两边各压缉一道明线。用于衣片拼接部位的装饰和加固作用，如图6-10所示。

3. 搭接缝

两层衣片缝头相搭1cm，居中缉一道线，使缝子平薄、不起梗。用于衬布和某些需拼接又不显露在外面的部位，如图6-11所示。

4. 压缉缝

上层衣片缝口折光，盖住下层衣片缝头或对准下层衣片应缝的位置，正面压缉一道明线，用于装袖衩、袖克夫、领头、裤腰、贴袋或拼接等，如图6-12所示。

5. 贴边缝

衣片反面朝上，把缝头折光后再折转一定要求的宽度，沿贴边的边缘缉0.1cm，清止口。注意上下层松紧一致，防止起涟，如图6-13所示。

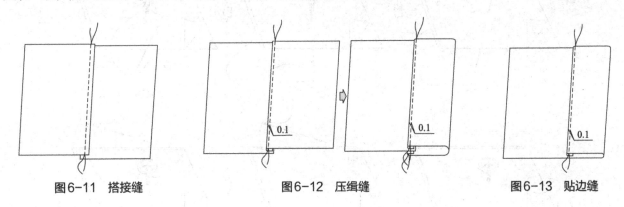

图6-11 搭接缝　　　　　图6-12 压缉缝　　　　　图6-13 贴边缝

6. 来去缝

两层衣片反面相叠，平缝0.1cm缝头后把毛丝修剪整齐，翻转后正面相叠合缉0.3cm，把第一道毛缝包在里面。用于薄料衬衫，衬裤等，如图6-14所示。

7. 明包缝

明包明缉呈双线。两层衣片反面相叠，下层衣片缝头放出0.3cm包转，再把包缝向上层正面坐倒，缉0.1cm，清止口。用于男两用衫夹克衫等，如图6-15所示。

8. 暗包缝

暗包缝明缉呈单线，两层衣片正面相叠，下层放边0.3cm缝头，包转上层，缉0.1cm止口，再把包缝向上层衣片反面坐倒。用于夹克衫等，如图6-16所示。

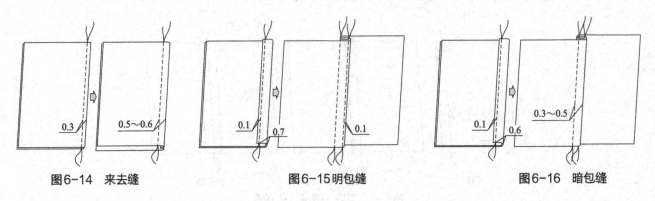

图6-14 来去缝　　　　　图6-15 明包缝　　　　　图6-16 暗包缝

四、熨烫工艺介绍

熨烫工艺是缝制工艺中尤为重要的组成部分之一。从服装原始裁片的缝制，到最终成品的完善整理，都离不开熨烫工艺，尤其在做高级服装的时候更是如此。服装行业常用"三分做、七分烫"来形容熨烫工艺对于整件服装在缝制全过程中的地位及作用的重要性，可见熨烫工艺是一门很深且必须掌握的学问。

（一）熨烫工艺的作用

（1）原料预缩、熨烫折痕

这个作用为排料、裁剪机缝制创造条件。

（2）给服装塑形

通过推、归、拔等工艺技巧形成所需要的立体造型。

（3）定型、整形

可分为两种。

① 压分、扣定型：在缝制的过程中，衣片的许多部位需要按照特定工艺进行平分、折扣、压实等熨烫工艺操作。

② 成品整形：通过整烫工艺使得成品服装达到美观、适体的外观造型。

（4）修正弊病

利用织物自身的膨胀、收缩等物理性能，通过熨斗的喷雾、喷水熨烫来修正服装在缝制过程中产生的弊病。缝迹线条不直或面料的某部位织物松弛形成"酒窝"等不良部位均可以使用熨烫工艺进行解决。

（二）家用熨烫工具

家用熨斗可分为电熨斗、挂烫熨斗两类。

1. 电熨斗

电熨斗是市场上最为常见的熨烫工具。日常生活中所选用的熨斗有300W、500W、700W的区别。功率较小的电熨斗适用于熨烫轻薄型的面料服装，功率较大的可用来熨烫面料较厚的服装。在熨烫之前一定要考虑所需熨烫服装面料的温度适应情况，如果熨烫温度控制不当就很容易发生烫坏服装的可能，如图6-17所示。

2. 挂烫熨斗（挂烫机）

挂烫机的工作原理是经过加热水箱里面的水，由此产生具有一定压力的高温蒸汽，然后通过软管引出，直接喷向挂好的衣物，使该衣物纤维得到软化，便可将衣物上的褶皱处理掉，最终促使衣物更加的平整美观，如图6-18所示。

因为挂烫机能够很好地控制衣物熨烫时所需要的温度，因此很适合用来熨烫一些不能被高温熨烫的真丝等高档面料所制成的衣物。

由于挂烫机是可以挂着熨烫衣物的，因此还可以用来熨烫和消毒地毯、窗帘等常用织物。

挂烫机应当在使用之前先要预热1min左右，然后等水箱里面的水温到达一定程度后使用才最佳。

图6-17 电熨斗

图6-18 挂烫熨斗

图6-19 烫布

电熨斗与挂烫机的区别如下

① 经过研究表明，长时间使用电熨斗经过平板熨烫的衣服，容易导致衣物上的纤维织物发硬、老化，从而损伤衣物的使用寿命。

② 电熨斗是直接与衣物接触的，因此很容易弄脏衣物。而挂烫机是通过喷洒蒸汽从而软化织物达到最佳的熨烫效果，因此其与织物间存在一定的空隙量，所以弄脏织物的可能性较小，并且通过喷洒高温蒸汽还可以起到杀菌消毒的作用。

另外，电熨斗的最佳搭档是烫布。烫布是用白棉布去浆后制成，也称水布，如图6-19所示。

第二节　适身裙缝制工艺

一、适身裙款式介绍

适身裙是从腰部到臀部贴身合体，而从臀部至下摆呈直线状的裙款。如图6-20所示。

二、适身裙的成品规格

（一）适身裙成品规格

适身裙的成品规格见表6-1。

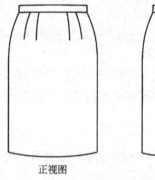

正视图　　　背视图

图6-20　适身裙款式图

表6-1　适身裙成品规格

名称	裙长	腰围	臀围	下摆大	腰头宽
规格/cm	50	70	94	94	3

（二）适身裙部位规格

适身裙部位规格见表6-2。

表6-2　适身裙部位规格

名称	拉链长	拉链止口	后衩高	后开衩宽	里子贴边
规格/cm	18～20	1.2	13	4	3

三、适身裙的部件及辅料介绍

（一）适身裙裁片部件

适身裙的裁片部件及数量见表6-3。

表6-3　适身裙裁片部件

名称	前片	后片	裙腰	前片里	后片里
数量	1	2	1	1	2

（二）适身裙其他辅料

（1）无纺黏合衬（纸衬）

用于拉链、后开衩部位。

（2）腰衬（布衬）

用于裙腰部位。

（3）拉链

一根18 ～ 20cm拉链。

（4）裤钩

一对裤钩，用于裙腰头。

四、适身裙样板的缝份加放及工业样板

（一）适身裙结构图（纸样底图）

适身裙结构见图6-21。

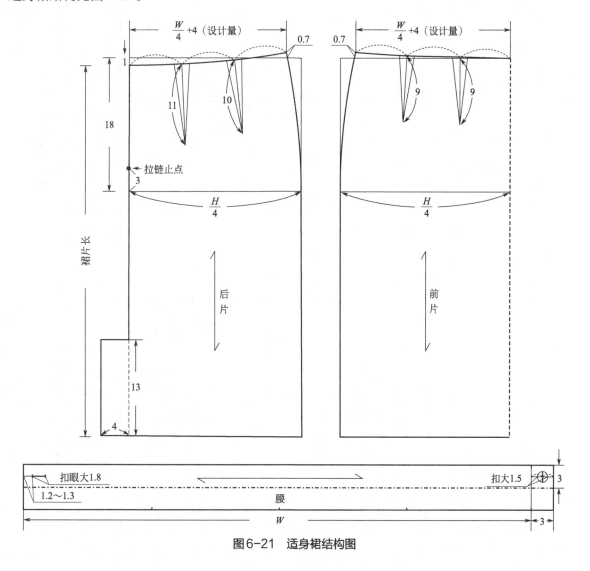

图6-21　适身裙结构图

（二）适身裙样板缝份的加放

适身裙工业样板缝份加放见图6-22 ～图6-24。

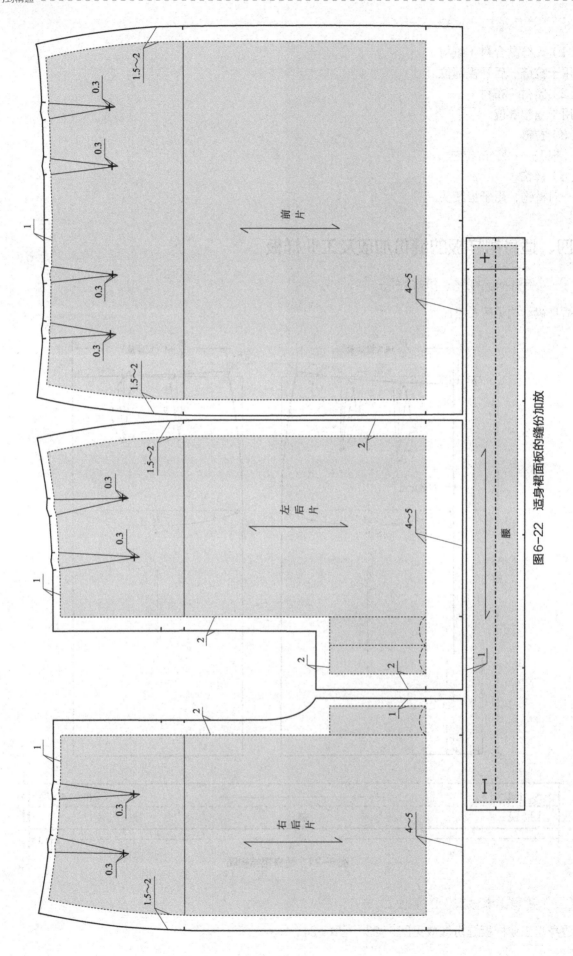

0.3

1.5~2

0.3

0.3

1

0.3

0.3

1.5~2

前片

4~5

1.5~2

0.3

0.3

左后片

1

2

4~5

2

2

2

腰

1

0.3

2

右后片

1

0.3

0.3

1.5~2

4~5

1

图6-22　适身裙面板的缝份加放

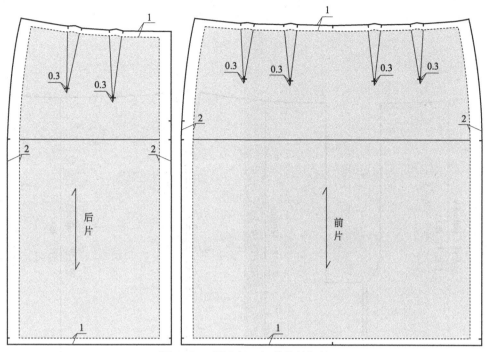

图6-23　适身裙里板的缝份加放

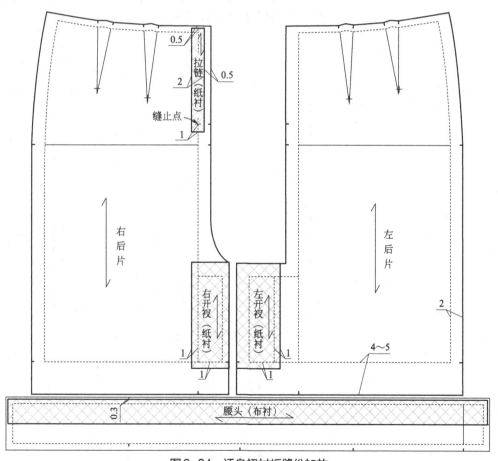

图6-24　适身裙衬板缝份加放

（三）适身裙工业样板

适身裙工业样板见图6-25～图6-30。

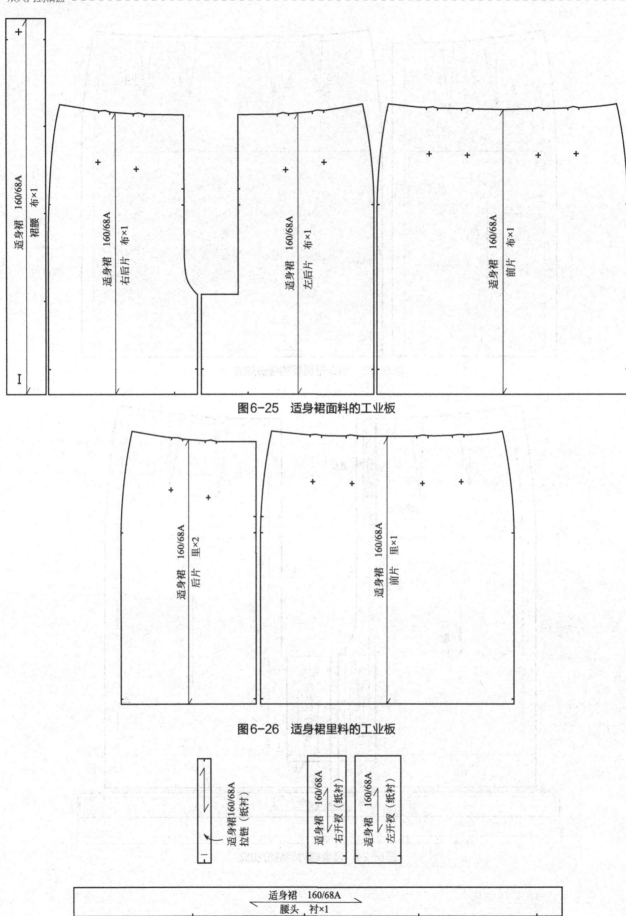

图6-25 适身裙面料的工业板

图6-26 适身裙里料的工业板

图6-27 适身裙衬料工业板

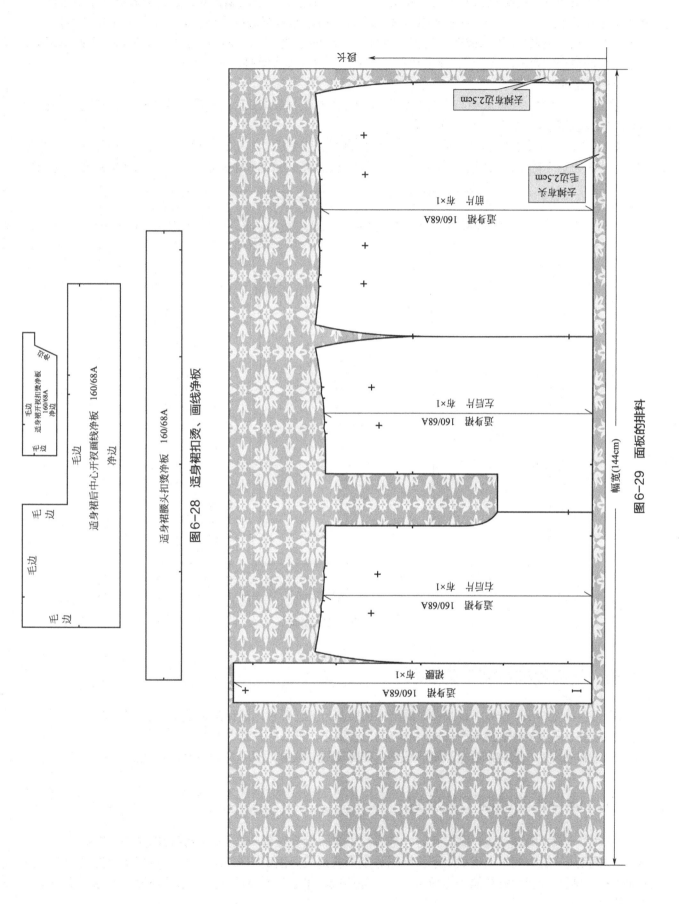

图6-28 适身裙扣烫、画线净板

图6-29 面板的排料

适身裙腰头扣烫净板 160/68A

适身裙后中心开衩画线净板 160/68A
净边

适身裙开衩扣烫净板
160/68A
净边

幅宽(144cm)

裙长

毛边为2.5cm

毛边为2.5cm

腰片 片×1
160/68A

右后片 片×1
160/68A

右后片 片×1
160/68A

前片 片×1
160/68A

市面上常见面料的幅宽为144cm。因此，在排料的时候，将面料幅宽对折，这样做有利于节省面料。本款裙子面料在排料的时候，笔者曾多次试图将该面料幅宽对折进行排料实验，但是发现幅宽对折后为72cm的时候，样板放不下，或者只有大量增加段长才可以排得下，但是这样做特别废料，因此不可取，所以本款面料幅宽在不对折的情况下，排料效果最佳，最为节省面料。

排料注意事项如下。

① 排料的时候，样板应当与面料边缘保持一定距离，一般取2.5cm左右，因为通常面料边缘存在着"针眼"、"泡泡皱"、"起毛"等一些问题。

② 通常在市面上买回来的布料，布头边缘都会存在着毛边、不平整等现象，因此，在面料排料的时候也应当注意这个问题，最好是裁片至布头边留有一定的量，量的大小可根据布头边缘平整程度而定。

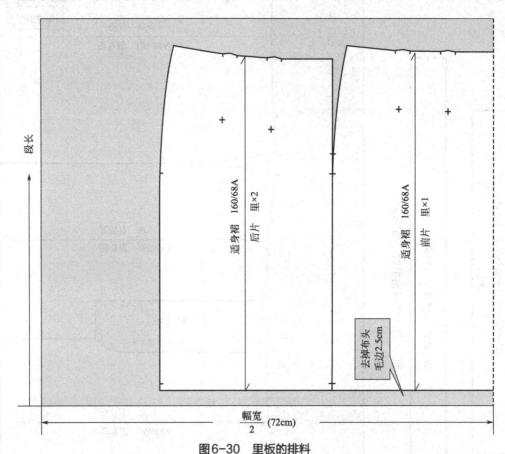

图6-30 里板的排料

五、适身裙的缝制工艺要求

① 腰头的宽窄平顺一致，绱腰头时候严格按照既定工艺要求，缝制完成后线头不可外露。

② 拉链、开衩的缝制应当严格按照既定的工艺要求，细心并有耐心的对待。

③ 缝制完成后，需将本款裙子熨烫平整，在熨烫的过程中，不可将面料烫黄、烫焦。

六、适身裙的缝制工艺流程

拓裁片→裁片侧缝锁边→贴黏合衬→锁缝后中缝→缝合腰省→做开衩→缝合侧缝→下摆锁边→手针缲缝下摆折边→缝合裙里→熨烫里子拉链贴边及开衩部位→固定裙面布与裙里子→缝制及安装腰头→做裙腰头→绱腰头装→缲缝裙里子与腰头、里子与拉链、里子与面布后开衩→里子与面布线襻固定→钉钩襻→整烫。

七、适身裙缝制工艺解析

1. 拓裁片

将已裁剪好的样板平铺在面料上（注意纱向准确），然后用划粉沿着样板的边缘线在面料上将样板完整地描画下来，描完之后要仔细检查，查看对位点是否遗漏，如有遗漏可马上补上，以免影响后面的缝制工序，如图6-31所示。

2. 裁片侧缝锁边

将裁剪好的裁片进行锁边以防止在缝制的过程中存在脱丝现象，同样也有利于接下来更好的缝制工序，如图6-32所示。

3. 贴黏合衬

将已裁剪好裁片的拉链、后开衩、腰头部位贴上黏合衬，如图6-33所示。

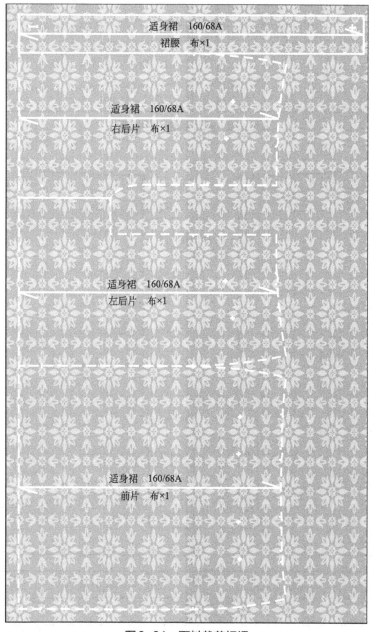

图6-31　面料裁剪标记

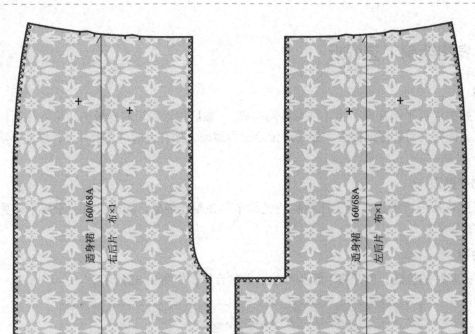

图6-32　裁片侧缝、后中锁边

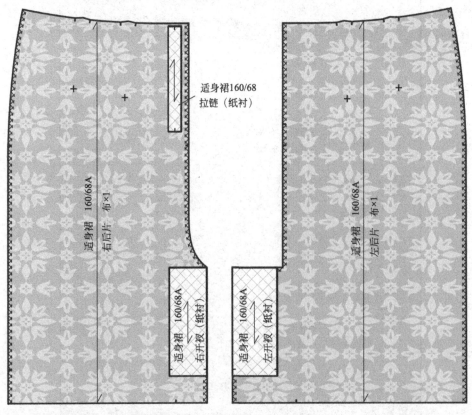

适身裙160/68
拉链（纸衬）

图6-33　贴黏合衬

4. 锁缝后中缝

将左、右后片后中心线锁缝固定，在开衩部位（左后片）打剪口，如图6-34所示。

5. 缝合省道

缝合省道如图6-35所示。

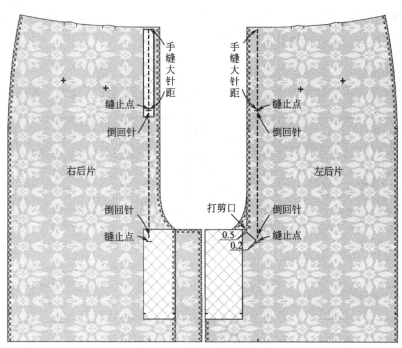

图6-34　锁缝后中缝

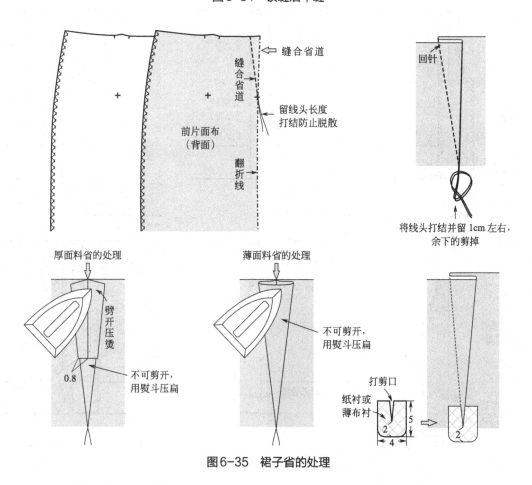

图6-35　裙子省的处理

6. 做开衩

开衩的工艺制作步骤可参考图6-36。

7. 缝合侧缝

将面料侧缝缝合如图6-37所示。

8. 裙子下摆锁边

将缝制好的面布下摆部位进行锁边处理，如图6-38所示。

9. 手针缲缝下摆折边

将下摆折边、开衩部位用手针大针距固定，开衩翻折部位用缲缝工艺处理，如图6-39所示。

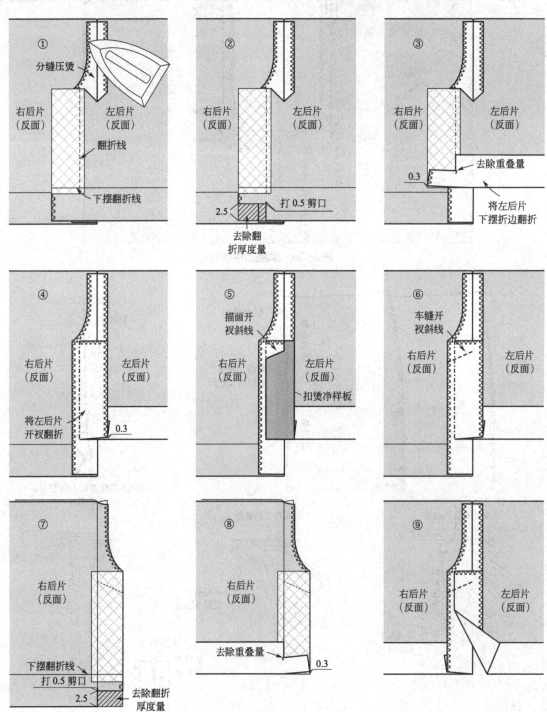

图6-36　裙子下摆折边的处理

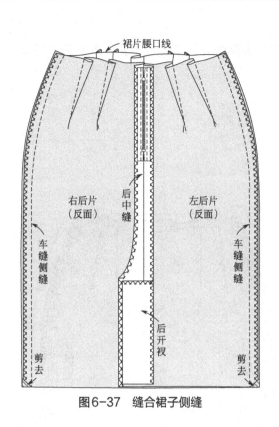

图6-37 缝合裙子侧缝

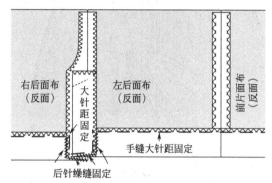

图6-38 下摆锁边

图6-39 手针缲缝、大针距固定下摆折边

10. 缝合裙里子

将裁剪好的裙子里料侧缝、省道、后中缝进行缝合，如图6-40所示。

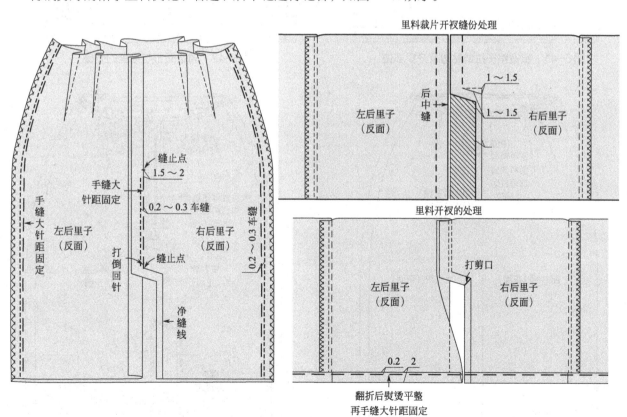

图6-40 适身裙里料的缝制

11. 熨烫里子拉链贴边及开衩部位

为了更好地完成接下来的缝制工艺工作，需要将里子拉链贴边、开衩部位翻折，然后熨烫平整，如图6-41所示。

12. 固定面布与里子

将面布与里布需要缝合的部位固定住，如图6-42～图6-44所示。

13. 缝制及安装腰头

缝制及绱腰如图6-45、图6-46所示。

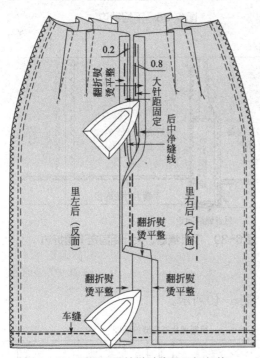

图6-41 熨烫里子拉链贴边及开衩部位

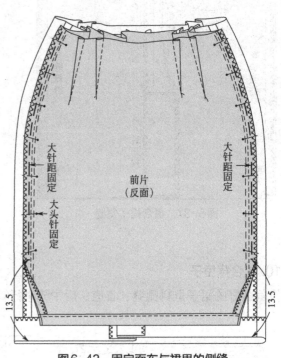

图6-42 固定面布与裙里的侧缝

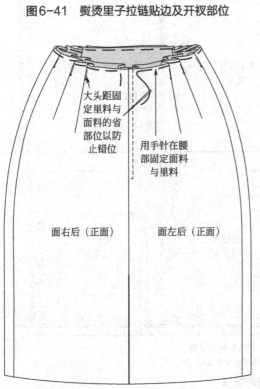

图6-43 固定面布与里子腰口

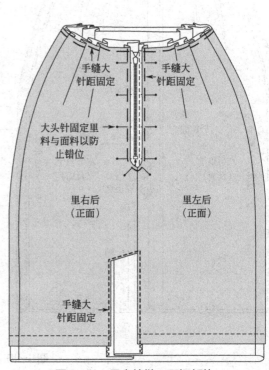

图6-44 固定拉链、开衩部位

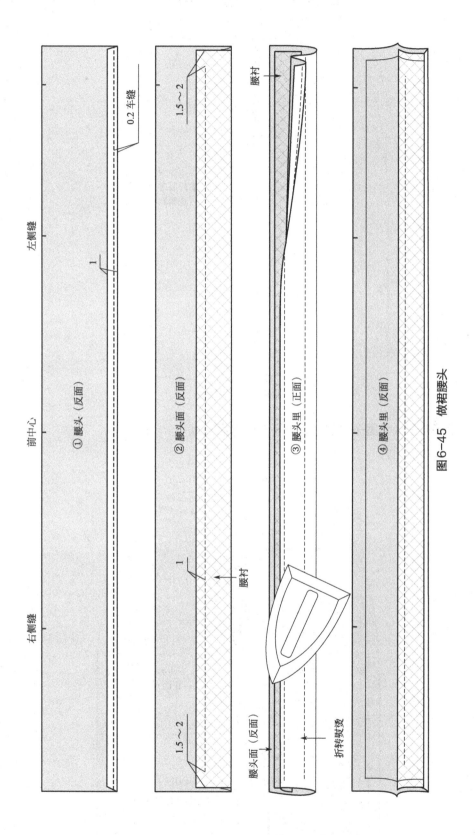

0.2 车缝

左侧缝

前中心

右侧缝

① 腰头（反面）

1.5~2

1.5~2

腰衬

② 腰头面（反面）

腰头面（反面）

折转熨烫

腰头里（正面）

腰衬

③ 腰头里（正面）

④ 腰头里（反面）

图6-45　做裙腰头

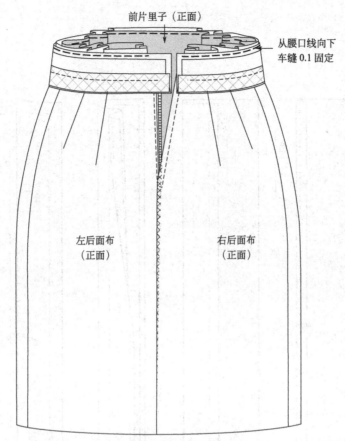

前片里子（正面）

从腰口线向下
车缝0.1固定

左后面布
（正面）

右后面布
（正面）

图6-46　绱腰头

14. 缲缝裙里子与腰头、里子与拉链、里子与面布后开衩

该工艺操作参考图6-47。

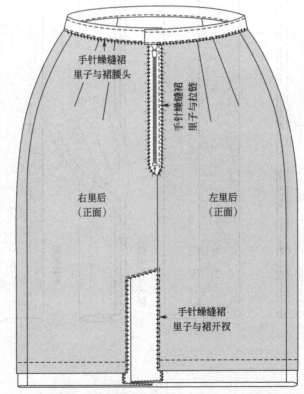

手针缲缝裙
里子与裙腰头

手针缲缝裙
里子与拉链

右里后
（正面）

左里后
（正面）

手针缲缝裙
里子与裙开衩

图6-47　缲缝裙里子与腰头、里子与拉链、里子与面布后开衩

15. 里子与面布线襻固定

该工艺操作参考图6-48。

16. 钉钩襻

钩襻缝制于腰头部位，如图6-49所示。

17. 整烫

其他工艺完成后的最后一步就是整烫，要求参考前文，最终将适身裙整烫的整体造型更加美观。

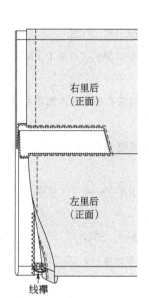

图6-48　里子与面布线襻固定

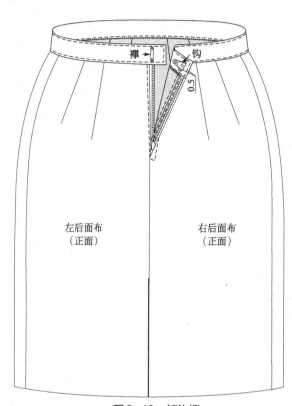

图6-49　钉钩襻

参考文献

[1] 侯东昱.女下装结构设计原理与应用［M］.北京：化学工业出版社，2014.

[2] 张文斌.服装结构设计［M］.北京：中国纺织出版社，2007.

[3] 李当岐.西洋服装史（第二版）［M］.北京：高等教育出版社，2005.

[4] 袁良.香港高级女装技术教程［M］.北京：中国纺织出版社，2007.

[5] 侯东昱，仇满亮，任红霞.女装成衣工艺［M］.上海：东华大学出版社，2012.

[6] 侯东昱，马芳.服装结构设计·女装篇［M］.北京：北京理工大学出版社，2010.

[7] 陈明艳.裤子结构设计与纸样［M］.上海：上海文化出版社，2009.

[8][日]中泽愈著，袁观洛译.人体与服装［M］.北京：中国纺织出版社，2003.

[9][日]中屋典子，三吉满智子著.孙兆全，刘美华，金鲜英译.服装造型学技术篇Ⅰ［M］.北京：中国
    纺织出版社，2004.

[10][日]中屋典子，三吉满智子著.孙兆全，刘美华，金鲜英译.服装造型学技术篇Ⅱ［M］.北京：中
    国纺织出版社，2004.

[11][日]三吉满智子著.郑嵘，张浩，韩洁羽译.服装造型学技术篇理论篇［M］.北京：中国纺织出版
    社，2006.

[12][日]文化服装学院编.张祖芳，纪万秋，朱瑾等译.服装造型讲座②—裙子·裤子［M］.上海：东
    华纺织出版社，2006.

[13] 侯东昱.女装成衣结构设计·下装篇［M］.上海：东华大学出版社，2012.

[14] 熊能.世界经典服装设计与纸样（女装篇）［M］.南昌：江西美术出版社，2007.

[15] 侯东昱.女装结构设计［M］.上海：东华大学出版社，2012.

[16] 侯东昱.女装成衣结构设计·部位篇［M］.上海：东华大学出版社，2012.

[17] 冯泽民，刘海清.中西服装史［M］.北京：中国纺织出版社，2010.

[18] 刘瑞璞.女装纸样设计原理与应用（女装篇）［M］.北京：中国纺织出版社，2008.

[19] 素材中国网 http://www.sccnn.com/.

[20] http://baike.baidu.com/view/32384.htm.

[21] http://www.fzjl168.com/fzdp/list_2_10.html.